U0840091

北戴河观鸟

百年历史

刘学忠　王彦超
刘艳萍　王海霞
◎编著

河北大学出版社
·保定·

图书在版编目（CIP）数据

北戴河观鸟 . 2, 百年历史 / 刘学忠等编著 . 保定 : 河北大学出版社 , 2024. 6. -- ISBN 978-7-5666-2402-4

Ⅰ . Q959.708

中国国家版本馆 CIP 数据核字第 2024YD2984 号

北戴河观鸟　百年历史

（排名不分先后）

摄　　影： 陈　雷　高桂华　付建平　赵爱田　孔祥林　王天龙　杨　宽　胡晓燕　Martin Williams　Mike Parker　Mark Andrews

撰　　文： 钟　嘉　刘学忠　王军亚　刘艳萍　李一凡　王海霞　江　虹　徐晓红

资料统筹： 秦皇岛神鸟文化传播有限公司

观鸟，与自然的亲密接触（代序）

观鸟，这项富有诗意的休闲活动，让我们融入大自然，领略鸟类的绚丽多彩，更深入地探索它们的生态、习性和分布。独具特色的中国海滨胜地北戴河，因得天独厚的鸟类生态环境和深厚的鸟类研究基础，成了观鸟者的天堂。

自 1911 年起，北戴河便吸引了众多国内外鸟类学家的目光。英国籍鸟类学家约翰·大卫·迪格斯·拉图什（John David Digues La Touche）在秦皇岛进行了鸟类观察和研究，并在期刊《鸟类学》（*Ibis*）上发表了《东北直隶秦皇岛的春季迁徙》（*The Spring Migration at Chinwangtao in Northeast Chihli*）。此后的 100 多年里，英国、美国、德国、日本、丹麦、比利时、澳大利亚等国的鸟类学者和爱好者纷至沓来，他们在这片神奇的土地上开展了深入的鸟类科学研究和观鸟活动。特别是 1985 年至 1990 年，英国剑桥大学的马丁·威廉姆斯（Martin Williams）博士与他的团队来到北戴河，对鸟类迁徙进行了深入研究。他们的研究成果吸引了更多的国际观鸟人的注意，北戴河的国际观鸟旅游活动逐渐兴起，这里也成了新中国第一个蜚声世界的观鸟胜地。

北戴河湿地多样的生态环境，包括涉水湿地、海滨湿地和草地等，为鸟类提供了广阔多样的生存空间。我们整理了百余年来国内外专家的鸟类调查数据，结合近年的观鸟记录，对北戴河的鸟类资源进行了重新梳理和完善。最终，我们确认北戴河已记录鸟类 24 目 82 科 508 种。

《北戴河观鸟 百年历史》的编辑整理，旨在展示北戴河独特的鸟类资源和迷人的自然风光，助力秦皇岛市打造国际一流旅游城市。由于时间跨度超过了百年，为了方便读者了解北戴河观鸟历史，本书特意保留了涉及的相关单位原名称，北戴河湿地辖区范围内部分单位名称则随变更而变化。我们希望通过这本书向广大鸟类爱好者和旅游者展示北戴河的魅力，同时也为北戴河的观鸟旅游事业贡献一份力量。

在此，我们要感谢英国的马丁·威廉姆斯博士、北戴河的徐晓红老师的大力支持和帮助。同时，也要感谢一直以来关注和支持北戴河鸟类研究和保护的专家、学者和爱鸟人士。你们的付出和努力，为北戴河的观鸟事业注入了强大的动力。

编者

2024 年 6 月

目录

鸟类观察报告记录下百年前的秦皇岛生态

——英国籍鸟类学家、博物学家和动物学家拉图什记录鸟类迁徙

20世纪30年代的秦皇岛港鸟瞰手绘图

英国籍鸟类学家拉图什的鸟类调查报告：秦皇岛位于辽东湾的东北海岸，北纬39°55′，东经119°38′，叫作岛或半岛。由铁路与大陆相连，堤和堤道围成的一个个大池塘，迁徙季节经常有野禽出现，从沙丘的东北海滩狭窄的潮汐小溪，大约1890年前，在半岛的西北角为小河开挖了一个出口，现在被上述路堤阻塞。

毫无疑问，秦皇岛最初就是一个岛屿。当大海消退，可能在几百年前，它仍然是一个岩石岬，在岛屿的两侧有山海关长城遗址老龙头与著名的夏季避暑区北戴河，这个岛就位于整个海湾的中间位置。这里的山脉是东北—西南走向，离开山海关沿海七八公里是辽西走廊的沿海狭长平原地带，离开秦皇岛大约19公里，平原逐渐扩大，直到越过滦河并入华北平原。

拉图什在秦皇岛工作期间的秦皇岛海关

A HANDBOOK

OF THE

BIRDS OF EASTERN CHINA

(CHIHLI, SHANTUNG, KIANGSU,
ANHWEI, KIANGSI, CHEKIANG, FOHKIEN,
AND KWANGTUNG PROVINCES).

BY

J. D. D. LA TOUCHE,

C.M.Z.S., C.F.A.O.U., M.B.O.U., &c.

VOLUME II.

TAYLOR AND FRANCIS, RED LION COURT,
FLEET STREET, LONDON, E.C. 4.
1931-1934.

拉图什所著《华东鸟类手册》是研究我国鸟类分类及分布的重要参考书

秦皇岛多风，一年的大部分时间里会有持续不断的风，这些风变化很大，通常在几个小时内风向就会有非常大的变化。

通常情况下，从12月中旬或12月底开始，海湾就会结冰，即使在气温偏高的年份，冰也不会在2月中旬之前消失。冬季最低气温很少低于零下21℃，冬季平均气温在零下7℃，气温偏高的年份在零下3℃左右。夏季7月和8月的平均气温在22℃—23℃之间，很少达到32℃以上。

秦皇岛位于辽东湾入口处的一个稍微突出的位置，在它和山脉之间只有一条狭长的平原，秦皇岛是一个观赏鸟类迁徙的好地方。岛上几乎没有人居住，地表植被既不高又不厚，足以吸引鸟类停留一段时间，对观察鸟类不会造成任何视野上的障碍。秋季迁徙季节是最容易研究的一个时间段。当鸟类向南迁徙时，它们通常会沿着海岸线飞，许多物种在白天就可以被观察到，它们或绕着海岸，或越过秦皇岛上空或在不远的内陆飞过。在这个季节，白天可以看到鹡鸰、鹨、百灵、燕子、崖沙燕、黑卷尾、秃鼻乌鸦、寒鸦、小嘴乌鸦、雨燕以及各种鹬、鹤、鸨等鸟类，有时它们是成群结队地飞过，但通常是结成较小的群经过。各种雀鸟和乌鸦会在离大海不远的海岸线上结成长长的群飞过。向南迁徙的候鸟经常是7月份就到达秦皇岛，首先出现的是各种鸻、鹬和海鸥，到了7月底8月初，会有沙锥、涉禽和许多燕鸥飞过。在8月和9月初，谷子地里就会挤满黑眉苇莺、远东苇莺、细纹苇莺等苇莺，而家燕、崖沙燕、鹡鸰、鹨、黑卷尾、雨燕和其他鸟类则会大量从头顶经过。在合适的日子里，港口的植被上满是各种歌鸲（蓝喉、红喉和蓝歌鸲）以及柳莺和苇莺。在庄稼成熟的8月末和9月，田野里会挤满了各种鹀与大量爱吃蚱蜢的柳莺。从9月中旬小型猛禽出现开始，一直到11月中旬，秃鼻乌鸦、寒鸦、云雀、鹤、鸨、雁鸭等都会成群结队地经过，在这几个月里，能看到各种各样的鸟类。

春天的迁徙相对来说不那么有趣，因为较小的雀鸟不是成群结队或呈长队经过，而是突然出现在岛上的掩蔽物中，经常又突然消失。它们是否要在秦皇岛降落，很大程度上取决于天气条件，有利的风向或晴朗的天气通常会让许多种鸟立刻飞走。1914年春天异常干燥，因此各种莺、鹟、鹡鸰和歌鸲稀少，这些鸟从沿海线或海面上飞到内陆就几乎立刻分散了。虽然去年冬天异常温暖，但我没有注意到鸟类比平时提早到达。

在正常年份，春天最早出现的鸟类是各种鸥鸟、秃鼻乌鸦和雁，时间通常在2月底。然后是猛禽、雁、天鹅与野鸭的迁徙，一直持续到5月。

由于1922年，拉图什以妻子克劳迪娅·B. E.哈特尔特（Claudia B. E. Hartert，1863—1958）的名字命名了柳莺科中的冠纹柳莺种本名

4月，路过的小雀鸟越来越多，到处是百灵鸟、鹀和燕雀，还有戴胜和各种鹨，鹡鸰和燕子在这个月的下半月出现。5月，有大量的鹟鸟、燕子、沙燕、歌鸲、鹨、鹡鸰、鹀、长尾雀朱雀和鹡鸰飞来。除了猛禽，几乎所有鸟类的迁徙都在5月中旬达到高峰。5月底后，到达的鸟类数量迅速减少，主要是短翅莺、苇莺和鹡鸰。在内地，直到5月初才有很多鸟出现，在那个月里，在雨后的日子里，整个大地到处都是鸟。虽然春天的迁徙可以说在6月的第一周之后就结束了，但晚到的鸟仍在继续奋争，直到月底。第一批秋天的迁徙鸟——杓鹬，可能还有其他涉禽，在7月中旬的暴风雨天，就能听到它们在晚上鸣叫着飞过。

因此可以说，在中国的沿海地区，长江以北的鸟类从 2 月开始到 11 月中旬都在迁徙，而在华南地区则晚于此，几乎没有间断。1911 年和 1912 年，我在闲暇时间（上午、中午和下午 4 点以后）所做的笔记，虽然不足以充分显示中国北方沿海的所有鸟类活动，却依然表明了秦皇岛作为研究鸟类迁徙的观察站的重要性。很可能在中国东北至西伯利亚繁殖的候鸟前往繁殖地的途中，除极少数外，都会经过秦皇岛。春天，候鸟们（猛禽除外）从山东东北角越过海湾，经过辽东半岛的最南端就来到了这里。在港口附近的海上或秦皇岛的海边经常发现有死亡的鸟，还有从海上飞来后死亡的鸟，似乎都证实了这个假设，

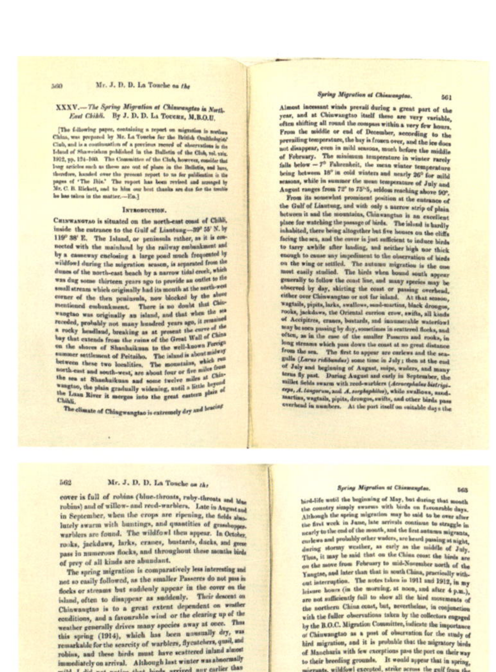

560 Mr. J. D. D. La Touche on the

XXXV.—*The Spring Migration at Chinwangtao in North-East Chihli.* By J. D. D. La Touche, M.B.O.U.

[The following paper, containing a report on migration in northern China, was prepared by Mr. La Touche for the British Ornithologists' Club, and is a continuation of a previous record of observations in the Island of Shaweishan published in the Bulletin of the Club, vol. xxix. 1912, pp. 124-160. The Committee of the Club, however, consider that long articles such as these are out of place in the Bulletin, and have, therefore, handed over the present report to us for publication in the pages of 'The Ibis.' The report has been revised and arranged by Mr. C. B. Ticehurst, and to him our best thanks are due for the trouble he has taken in the matter.—Ed.]

Introduction.

Chinwangtao is situated on the north-east coast of Chihli, inside the entrance to the Gulf of Liautung—39° 55' N. by 119° 38' E. The Island, or peninsula rather, as it is connected with the mainland by the railway embankment and by a causeway enclosing a large pond much frequented by wildfowl during the migration season, is separated from the dunes of the north-east beach by a narrow tidal creek, which was dug some thirteen years ago to provide an outlet to the small stream which originally had its mouth at the north-west corner of the then peninsula, now blocked by the above mentioned embankment. There is no doubt that Chinwangtao was originally an island, and that when the sea receded, probably not many hundred years ago, it remained a rocky headland, breaking as at present the curve of the bay that extends from the ruins of the Great Wall of China on the shores of Shanhaikuan to the well-known Foreign summer settlement of Peitaiho. The island is about midway between these two localities. The mountains, which run north-east and south-west, are about four or five miles from the sea at Shanhaikuan and some twelve miles at Chinwangtao, the plain gradually widening, until a little beyond the Luan River it merges into the great eastern plain of Chihli.

The climate of Chingwangtao is extremely dry and bracing

Spring Migration at Chinwangtao. 561

Almost incessant winds prevail during a great part of the year, and at Chinwangtao itself these are very variable, often shifting all round the compass within a very few hours. From the middle or end of December, according to the prevailing temperature, the bay is frozen over, and the ice does not disappear, even in mild seasons, much before the middle of February. The minimum temperature in winter rarely falls below −7° Fahrenheit, the mean winter temperature being between 18° in cold winters and nearly 26° for mild seasons, while in summer the mean temperature of July and August ranges from 72° to 75°·5, seldom reaching above 90°.

From its somewhat prominent position at the entrance of the Gulf of Liautung, and with only a narrow strip of plain between it and the mountains, Chinwangtao is an excellent place for watching the passage of birds. The island is hardly inhabited, there being altogether but five houses on the cliffs facing the sea, and the cover is just sufficient to induce birds to tarry awhile after landing, and neither high nor thick enough to cause any impediment to the observation of birds on the wing or settled. The autumn migration is the one most easily studied. The birds when bound south appear generally to follow the coast line, and many species may be observed by day, skirting the coast or passing overhead, either over Chinwangtao or not far inland. At that season, wagtails, pipits, larks, swallows, sand-martins, black drongos, rooks, jackdaws, the Oriental carrion crow, swifts, all kinds of Accipitres, cranes, bustards, and innumerable waterfowl may be seen passing by day, sometimes in scattered flocks, and often, as in the case of the smaller Passeres and rooks, in long streams which pass down the coast at no great distance from the sea. The first to appear are curlews and the sea-gulls (*Larus ridibundus*) some time in July; then at the end of July and beginning of August, snipe, waders, and many terns fly past. During August and early in September, the millet fields swarm with reed-warblers (*Acrocephalus bistrigiceps*, *A. tangorum*, and *A. sorghophilus*), while swallows, sand-martins, wagtails, pipits, drongos, swifts, and other birds pass overhead in numbers. At the port itself on suitable days the

562 Mr. J. D. D. La Touche on the

cover is full of robins (blue-throats, ruby-throats and blue robins) and of willow- and reed-warblers. Late in August and in September, when the crops are ripening, the fields absolutely swarm with buntings, and quantities of grasshopper-warblers are found. The wildfowl then appear. In October, rooks, jackdaws, larks, cranes, bustards, ducks, and geese pass in numerous flocks, and throughout these months birds of prey of all kinds are abundant.

The spring migration is comparatively less interesting and not so easily followed, as the smaller Passeres do not pass in flocks or streams but suddenly appear in the cover on the island, often to disappear as suddenly. Their descent on Chinwangtao is to a great extent dependent on weather conditions, and a favourable wind or the clearing up of the weather generally drives many species away at once. Thus this spring (1914), which has been unusually dry, was remarkable for the scarcity of warblers, flycatchers, quail, and robins, and these birds must have scattered inland almost immediately on arrival. Although last winter was abnormally mild, I did not notice that birds arrived any earlier than usual. In normal years, the first birds to appear in spring are gulls, rooks, and geese, generally at the end of February. The wildfowl then pass, the geese until the middle of April and the ducks until May. In April small Passeres pass in increasing numbers, and the migration of nearly all the birds, with the exception of the wildfowl, is at its height towards the middle of May. The first small insectivorous Passeres to pass are *Ruticilla aurorea*, *Ianthia cyanura*, and *Accentor montanellus*. The latter also winter here in sheltered places. Larks, buntings, and bramblings are abundant during April and also hoopoes and pipits; wagtails and swallows appear during the latter half of the month. During May there are rushes of flycatchers, swallows, sand-martins, robins, pipits, wagtails, warblers, buntings, rosefinches, and quail. The migration continues well into June, but after the end of May, arrivals rapidly diminish and consist chiefly of *Locustella certhiola*, reed-warblers, and quail (*Coturnix* and *Turnix*). Inland, there is not much

Spring Migration at Chinwangtao. 563

bird-life until the beginning of May, but during that month the country simply swarms with birds on favourable days. Although the spring migration may be said to be over after the first week in June, late arrivals continue to straggle in nearly to the end of the month, and the first autumn migrants, curlews and probably other waders, are heard passing at night, during stormy weather, as early as the middle of July. Thus, it may be said that on the China coast the birds are on the move from February to mid-November north of the Yangtse, and later than that in south China, practically without interruption. The notes taken in 1911 and 1912, in my leisure hours (in the morning, at noon, and after 4 p.m.), are not sufficiently full to show all the bird movements of the northern China coast, but, nevertheless, in conjunction with the fuller observations taken by the collectors engaged by the B.O.C. Migration Committee, indicate the importance of Chinwangtao as a post of observation for the study of bird migration, and it is probable that the migratory birds of Manchuria with few exceptions pass the port on their way to their breeding grounds. It would appear that in spring, migrants, wildfowl excepted, strike across the gulf from the north-east promontory of Shantung and reach this place without touching land after they have passed the Miautau Is. and the southernmost point of the Liautung Peninsula. Birds found dead at sea off the port or on the seashore at Chinwangtao, or seen arriving from over the sea, would seem to confirm this supposition, and a look at the map of this part of China will show it to be not improbable. Of course a number of birds reach Manchuria via inland China, and this would explain the almost total absence of notes on many common birds in the following pages. The same remarks will probably apply to Taku, at the mouth of the Peiho, and other places on the north coast.

In autumn, all the Manchurian migrants would appear to pass down the coast as far as this place at least, and they most probably continue following the coast line to Taku and its neighbourhood.

From what I have seen of the wildfowl, they appear to

关于秦皇岛自然环境与鸟类资源的报告

著名的鸟类学家、博物学家和动物学家拉图什（1861—1935），出生在爱尔兰，英国国籍。1882—1921年在中国海关工作期间，他花了大量时间和精力在沿海地区考察我国的鸟类，发表了大量关于鸟类的研究论文，在此基础上出版了两卷《中国东部鸟类的手册》（*A Handbook of Birds of Eastern China*，1925—1934），记述我国河北、山东、江苏、安徽、浙江、江西、福建和广东等沿海省份的750个种和亚种鸟类。被西方人认为是有关中国鸟类学方面较好的一本专著。其中《东北直隶秦皇岛的春季迁徙》（*Ibis*，1914，第560—586页）为国际观鸟组织提供了第一份关于秦皇岛湿地与鸟类的可靠的数据。

只要看一看中国这一地区的地图，就会发现这不是不可能的。

秋天，东北地区的所有候鸟，似乎都沿着海岸迁徙，它们很可能继续沿着海岸线到塔库及其附近地区。从我对秦皇岛野禽的观察来看，它们似乎在春天和秋天都沿着海岸或在离海不远的平原上飞过，我不记得有鸭子和雁从海的另一边飞来。

德国动物学家马克斯•雨果•魏戈尔德
1916年来北戴河观鸟

德国动物学家魏戈尔德

1922年，魏戈尔德以妻子伊莉斯·J. M.魏戈尔德（Elise J. M. Weigold）命名了绿背姬鹟，他的名字则留在了川褐头山雀的学名Poecile weigoldicus里

在英国剑桥大学图书馆里的一册藏书(参考号 T382.a.10)中，在沃尔特•施图策等组织的探险队前往四川、西藏东部和直隶省的动物学调查报告集的评论中，德国动物学家马克斯•雨果•魏戈尔德(Max Hugo Weigold，1886—1973)对每个鸟种都做了脚注，详细说明了他在这些地区的观察。

从他的脚注中发现，在1916年他曾经有两次短暂的北戴河之行，一次是在2月，一次是在7月至8月。因为在这一年的相关时间里，他正在北京休息。在他对直隶省、北京西山和承德的广泛调查、观察评论中，涉及了他关于北戴河观察的详细记录。同时，他对北戴河地区冬季鸟类的稀少发表了很多评论。但沃尔特•施图策等组织的探险队本身并没有到过北戴河。

Hugo Weigold's observations

Zoologische Ergebnisse der Walter Stötznerschen Expedition nach Szetschwan, Osttibet und Tschili [zoological results of the Walter Stötzner Expedition to Sichuan, east Tibet and Chihli] Abh. Bericht. Zool. ... Mus. Dresden 1922, 15(3); 1923, 16(1); 1923-4, 16(2).

— in the University Library Cambridge bound in one volume (ref. T382.a.10.)

This is in the form of commentary on the collection of the expedition by various authors, with footnotes to each species by Weigold detailing his own observations in these areas. He appears to have made two short trips to Beidaihe, one in February and one in July-August. From the details of his broad itinerary it seems certain that both these were in 1916, as in this year he was resting in Beijing at the relevant times. Details on Beidaihe records are only included if they are of interest relative to his other observations in Chihli, namely extensive surveys of the Western Hills and a place called Bago E of Chengde, and casual observations in Beijing itself. He makes frequent coments as to the paucity of winter birds in the region. The expedition itself did not visit Beidaihe.

Sturnia sturnina on 12.8 a flock (swarm) in Beidaihe.

Bombycilla garrulus on 5.2 some [uncaged birds] were in Beidaihe.

Apus pacificus Observed on passage in Chihli at Beidaihe Haibin [literally "Peitaiho by the sea"] near Shanhaiguan on 29 and 30.7 (singly), on 17.8 many, which passed along the coast to the SW speeding very high.

Anthus richardi richardi The southern limit of the breeding area perhaps lies not very far [from Chihli], as the migration began again in the grassy hills by the sea near Beidaihe as early as 16.8.

Athene noctua plumipes On 18.8 one was heard in a pine grove near Beidaihe Haibin.

Glareola maldivarum North of there [Tientsin] on the coast near Beidaihe flocks were seen on 18 and 19.8.

Calidris subminuta on 1.8 in Beidaihe Haibin some were together with other sandpipers.

Tringa ochropus and singles on return passage at Beidaihe were heard on 6 and 17.8.

Tringa glareola on 29, 30.7, 1 and 18.8 singles were already back at Beidaihe.

Tringa hypoleucos in Beidaihe Haibin the first few were back again on 29, 30.7 and 1.8.

Scolopax rusticola is also rarely found in Beidaihe Haibin.

Capella gallinago raddei On 19.8 two were already back and shot (with 4 *stenura*).

Capella stenura On 5.8 near Beidaihe the first 7 snipe sp. [were this species]? On 18 the four collected out of 25 seen were all *stenura*. On 19 four were *stenura* from 6 collected, on 21 out of three killed all were *stenura*.

Larus argentatus vegae By the sea at Beidaihe (Chihli) on 16.8 the first juvenile Herring Gull.

Porzana pusilla pusilla In autumn on 5.8 near Beidaihe about two dozen were in the single still damp, room-size, reedbed; one obtained.

[*Milvus migrans lineatus* Also found abundantly in north China, a few overwinter in Beijing. In March they must make very extensive excursions. They return to the Forbidden City to roost.]

德国动物学家魏戈尔德的观鸟报告

美国鸟类学家在北戴河调查鸟类

1924 年，由乔治 • 杜兰德 • 万卓志（George Durand Wilder，1869—1946）和休 •W. 胡本德（Hugh W. Hubbard，1887—1975）编写的《直隶省鸟类名录》(*List of the Birds of Chihli Province*, 1924)，是首部系统性地总结梳理华北鸟种的研究著作。

在 1924 年 1 月 26 日的《科学与艺术》杂志中，万卓志发表了他写于 1923 年 10 月 29 日的迁徙笔记节选：

今年秋天，北戴河有一些房子需要维修，所以我和胡本德先生尽可能安排好，以便在鸟的迁徙高潮到来时住在那里，我们相当成功地选择了 10 月 6 日至 9 日的日期。此时鸭子和雁并不像我们所希望的那么多，它们似乎是从北戴河的沙滩被吸引到塔库以东到鲁台的潮水区域觅食去了。在那里它们的数量相当多。然而，水禽在沙地上还有一些代表，我们总共列出了 66 种鸟，除了七八种外，其余都是旅鸟，而不是永久留鸟。

对我们来说，最有趣的是 2—3 种，可能是 4 种鹤，看到的也可能还有第五种。它们成群结队地在清晨和下午晚些时候经过这里，数量从 6 只到 100 只不等。几年前的 4 月初，我曾看到一群群白色的大鸟，翅膀尖呈黑色，脖子直挺挺地伸出来，这是鹤的特征，它们在傍晚风沙中拍打着翅膀前进，飞得太高无法确定它们是哪种鹤。可能是丹顶鹤或白鹤，或者其他什么鹤。但这一次，虽然飞的高度太高，无法拍摄，但在明媚的阳光下，用野外望远镜很容易就能观察到它们，并确定它们是白鹤。

它们来了的第一个信号是美妙悦耳的、像管弦乐一样的叫声，从海湾上空飘向秦皇岛。傍晚，我坐在那里，鸟从我头顶飞过，鹤的叫声从空中飘来。抬头一看，我看到百十只雪白的鸟在 200 多米高的地方，

万卓志和胡本德合著的《中国东北部鸟类》

The China Journal of Science & Arts. 2. 61. 1924

MIGRATION NOTES*

BY

G. D. WILDER

Extension of range of McQueen's Bustard, Cranes, Penduline Tit, and White-headed tit.

In the last issue of these notes, written a month ago, it was said that we were looking daily for the arrival of the jackdaws. Sure enough they came on October 2, a very favourite date with them in my records. They did not come with a rush, as they sometimes do when a storm starts them, neither have they tarried in the city so long as usual. A flock of about forty came first and seemed to pass on. Then not until the 11th were they seen again, when about 500 appeared and stayed in the city for a few nights, increasing in numbers until several thousands were seen some mornings, but they gradually diminished in numbers again, until they were in flocks of tens, finally disappearing about the 24th, and have not been seen since. Another wave will be due in November when those from the farthest north arrive. The greatest numbers were coincident with a cold rain and northwest wind. The jackdaw is a most satisfactory bird to observe, for while he appears to us in the city only at dawn and in the evening, yet he is so hilarious in his spirit that one does not need to get out early to see him, but can easily estimate his numbers while lying comfortably in bed by the sounds made by the flocks trooping overhead, or occasionally stopping in the trees near by for a few minutes.

Having some house repairing to attend to in Peitaiho this autumn, Mr. Hubbard and I tried to arrange it so as to be there during a migration wave. We were fairly successful by selecting the dates from October 6 to 9. The ducks and geese were not so numerous as we had hoped, for they seemed to be drawn away from the sand flats at Peitaiho to the better feeding grounds in large flooded areas east of Taku up to Lu T'ai, where they were in considerable numbers. However, the water fowlhad a few representatives at the sand flats, and all told we listed some 66 species of birds, all but seven or eight being transients rather than permanent residents.

To us the most interesting were the cranes of two or three, possibly four, species. A fifth might well have been seen also. They were passing over in the early mornings and late afternoons in flocks of from six to one hundred. Some years ago early in April I had seen flocks of great white birds with black tipped wings and necks straight out in the characteristic crane fashion, beating their way against a sandstorm, too high in the haze for certain identification. They might have been either the Japanese or the Siberian crane, or something else. But this time, though far too high to shoot, they were easily studied in good sunlight with field glasses, and identified as the Siberian crane.

The first warning of their approach was the wonderfully melodious, orchestra-like chorus of their cries, floating down from a great height

* Written in Peking, Oct. 29, 1923.

— 61 —

万卓志在《科学与艺术》杂志刊登的北戴河观鸟记录

胡本德在北戴河的别墅，他经常会和朋友一起来这里开展鸟类调查活动

它们规则的V状队形在向更高的高度冲击时有些断裂，它们伸长脖子查看危险在哪里。在升高了一点高度后，又重新排好队，径直朝日落的方向飞去，我们只能听到领头鹤偶尔叫一声，也能听到鹤群的几声回应。这是一个壮观的景象，它们在明亮的阳光下勾勒出一幅优美画卷，我说这是听过的最好的鸟类乐团之一。德莱瑟说，白鹤的声音比其他鹤的声音要弱，可能是这样，因为我对它们的研究太少，无法确定，这些叫声的魅力可能更多地在于音乐的质量和许多声音的结合，而不是任何一个声音的力量。毫无疑问，它们是白鹤。在野外最明显的辨认标记是巨大的纯白色鸟身上的黑色初级飞羽，飞行时脖子伸直，不像苍鹭和鹭鸟那样向后折叠。我从未见过丹顶鹤，但我相信，如果在望远镜范围内，它可以很容易地通过黑色的次级飞羽被识别出来，翅膀的主要部分和尖端像身体的其他部分一样是白色的。

拉图什先生谈到了各种鹤组成V状队形，“一组白色的鸟，然后是很多灰色的鸟”。在这100多只鹤群中，只有一只灰色的鹤。在另外一群40只鹤中，有6只灰色的鹤，但与白色的鹤呈一条直线排列飞

在北戴河观察到的鸟巢，图片来源于《科学与艺术》杂志1925年第3期

行。我想这些灰色的鹤是常见的灰鹤。像天鹅一样，白色鹤的幼鸟，羽毛上沾满了锈色或肉桂红色。然而，这些灰色的鹤不可能是亚成鸟，因为在这么远的地方是看不准颜色的，但我们可以肯定，在大群中会有大部分亚成鸟。

后来，我们看到了几大群灰色的，很可能是灰鹤，还有一群白颈鹤。雪白的脖子在阳光下很容易看到，但在阴影中可能不会被注意到，这样就很容易被误认为是普通的灰鹤。上次在 4 月 21 日，我们在北戴河看到了 3 只同样的白颈鹤。

我们没有看到有鹤降落在地面，可能它们不经常降落在靠近海岸的地方。拉图什先生说，在离海边大约 15 公里外的谢家营沼泽有鹤降落。

另一个有趣的发现是两小群攀雀。我惊讶地发现它们出现在紧邻潮水的稀疏的草地上和红色的盐草中。它们是最可爱的小鸟。显然，它们刚刚飞过海湾，在第一块陆地上停了下来。这是我第一次观察到野生的，虽然我在北京市场买过几次。它们的名字无疑来自它们喜欢挂在杂草顶部或树枝上的迷人习惯。

就像拉图什先生指出的，在寒冷的北风中，候鸟不断地从东部飞来，从海湾的另一边，靠近水面低飞过来，而水鸟似乎是从北方非常近地沿着海岸线飞来。我们和拉图什先生一样，也发现了一些较小的鸟类，比如燕子、鹨、鹡鸰、云雀等，都是越过海湾飞来。它们的迁徙路线可能是沿着中国海岸，跨过海湾，而不是像水鸟那样绕着海湾的海岸飞，因此它们的飞行路线是向西南方向。鹤的迁徙线路似乎都是沿着海岸线，我从未见过它们在北京地区迁徙，尽管夏天它们肯定会分散在蒙古高原上。我看过很多蓑羽鹤，至少在那里看到过。

海滩上的鸟数量不多，但通常与整个夏天都能看到的是相同的鸟种。我们没有认出在夏天采集到标本的东方滨鹬，但获得了普通滨鹬

MIGRATION NOTES

BY

Geo. D. WILDER

PEITAIHO SPRING MIGRATION, WHITE STORKS, SIBERIAN WHITE CRANE

THIS INSTALMENT is being written on the Fusan Express, between Peitaiho and Peking, March 25, 1940, being the tenth day of a trip, taken at this time ostensibly to repair summer cottage roofs, but really to carry out a long considered plan to study the March migration in company with my bird-study partner, Mr. H. W. Hubbard. We had never had a chance to observe the birds of that locality between late October and April 1, excepting for a brief visit by each of us separately, one in January and one in February. The dates we had set to meet the first grand rush north of waterfowl, March 16 to 25, proved to be at least a week too late to see the front of the wave this year, for the rickshaw men at the station told us that a hunter from a Peking Hotel had just left, having secured over 100 ducks and 17 geese in five days. A check on this statement in Peking shows that there was slight exaggeration. The man himself admits over ninety ducks and a few geese in three days shooting, mainly at Liu-shou-ying, however, which seems to be rather the best place for game and he had come on March 9, to find swans, bustards, ducks and geese in great numbers. A Russian hunter on the train showed his bag of 17 ducks and two geese shot in an evening and a morning at Liu-shou-ying, on March 16.

A snowfall on March 14, still lingering in patches when we arrived, probably had checked the flight north a bit, making better shooting, but a fine Saturday and Sunday the 17th thinned out the game, flocks from the south passing high over head. Still Mr. Hubbard alone was able to bring in from 7 to 12 ducks a day. He had secured a taxidermist trained by Mr. LaTouche at Ch'ing-wang-tao for the week, and he made up nearly fifty skins, largely ducks in their handsome spring plumage.

Personally, since giving my collections over to Yenching University I have ceased to collect, but still retain a keen interest in making the acquaintance of birds new to me. This trip yielded two such, which was well worth going for. For many years we had been looking for the two white cranes, the white stork and the pelican. Our taxidermist

1940年《科学与艺术》杂志刊登的关于万卓志与胡本德在北戴河调查鸟类迁徙的报告

万卓志肖像，图片来源于密西根大学本特利档案馆

万卓志，1894年由耶鲁大学毕业后来华传教，直至1943年返回美国。其间，他的足迹遍及北京、河北、天津、山东、山西、江苏、上海等地，主要进行鸟类调查与研究工作。

他与胡本德合编的《直隶省鸟类名录》《中国东北部鸟类》两本鸟类图书中，详细记录了他们在北戴河的鸟类考察数据。

万卓志野外观鸟，图片来源于密西根大学本特利档案馆

的标本。灰尾漂鹬的标本是在岩石灯塔点获得的。沙鸻、环颈鸻、长趾滨鹬、金斑鸻、反嘴鹬、草鹭，都确切看到了，还有一对鱼鹰、两三种鹞和其他迁徙的鹰。一两天后，胡本德先生又看到了凤头麦鸡和楔尾伯劳。只有一只白腰草鹬被看到，而它们和林鹬在夏季后期会大量出现。

胡本德在北戴河调查鸟类

1943年，胡本德在北戴河的别墅前，图片来源于郝明森专著《中国东北地区的鸟类》

胡本德，美国基督教公理会传教士，鸟类学家。1908年由瑞士阿默斯特学院毕业后受聘来中国天津，在基督教青年会任教师和体育教练。在北戴河建起了欧式风格的胡本德别墅（目前，胡本德别墅已经被列为第六批全国重点文物保护单位）。

作为一名鸟类学家，他经常来北戴河海滨观察鸟类的生活情况，与万卓志博士先后出版的《直隶省鸟类名录》《中国东北部鸟类》两本鸟类图书，是关于华北鸟类的最佳手册。

中国脊椎动物奠基者出版《河北鸟类志》

寿振黄(1899—1964)，中国最早研究鸟类的学者，现代鸟类学研究的奠基者之一。“脊椎动物奠基者，鸟兽虫鱼无不通。分类生态相结合，生物统计开先声”，这是我国兽类学家夏武平先生在寿振黄先生逝世15周年时写的悼念诗。

1936 年，寿振黄先生编著并由静生生物调查所印行的《河北鸟类志》（英文版），在《中国动物学》（*Zoologia Sinica*）B 系第 15 卷上发表。这部著作不仅是河北省的第一部鸟类专著，同时也是目前最早研究河北鸟类的专著。

据悉，《河北鸟类志》是寿振黄先生在长达 10 年的野外考察基础上，结合早期文献编纂而成的。全书共记述了河北省（不含原察哈尔省）分布的鸟类 18 目 67 科 246 属 416 种。此外，总论部分还对河北省的地理、植被、气候以及节气等做了简要介绍。在个论部分，书中详细介绍了每种鸟的名称、形态特征、量衡度、栖息环境以及分布情况，并对迁徙类型进行了初步分析。值得一提的是，《河北鸟类志》附有 1 幅地图、506 幅鸟类插图（多为头、脚的特征图），以及 25 版鸟类巢穴、卵和栖息环境的图版。

总的来说，《河北鸟类志》是对以往科学资料的整理和总结，对今后进一步研究河北鸟类具有重要的参考价值。但书中有关北戴河的资料却并不是很多。

6 *Shaw: Birds of Hopei*

The color of soft parts which were recorded in the field shortly after the bird was shot are described in a separate paragraph which follows the description of plumages. Structural differences which have certain specific value in classification are also mentioned.

The names of different parts of the body are shown in the accompanying figure—the topography of the Pintail. For explanation of these terms, see the glossary at the end of this work.

Figure 1. Topography of a bird (Pintail)

(For uppe tail coverts read upper tail coverts)

WEIGHT

The body weights of birds were taken in the field by a Chinese-made steel-ard. The gradations of weight, in grams, were marked on its beam. Individual d sexual variations can be seen under each species.

1936年，寿振黄先生出版的《河北鸟类志》（英文）上下两卷，被赞誉为我国动物学家自己撰写的具有国际水准的第一部鸟类志。这也是我国第一部以志书形式出版的地域性动物学专著，被视为我国地方动物志的重要典范，并被视为我国脊椎动物区系分类研究的开端

丹麦动物学家在北戴河观鸟留下传世专著

丹麦动物学家阿克塞尔·郝明森（Axel M.Hemmingsen，1900—1978），1900年出生于哥本哈根，1923年获得动物生理学硕士学位。1942年来到北京，结识了来自美国的万卓志和胡本德。胡本德将他们在北戴河海滩附近的别墅交给了郝明森。由于全面抗战的爆发，在1942年至1945年，郝明森主要生活在北戴河，研究北戴河海滩鸟类，他的观鸟日记，一直是北戴河鸟类探索史上最珍贵的观测记录。

1951 年，丹麦动物学家阿克塞尔·郝明森在丹麦哥本哈根整理他在北戴河的鸟类观察日记，出版了专著《中国东北鸟类迁徙观察》。他在图书的简介中写道：

在第二次世界大战的最后几年里，由于环境所迫，我不得不待在华北，我发现自己无法继续早期的动物内分泌学工作。

我住在北戴河（约北纬 39°47′，东经 119°27′），在北戴河海滩，我发现了研究鸟类迁徙的绝佳机会。我专注于实地观察而不是收集鸟类标本，不仅因为倾向，而且也因为缺乏资金。尽管如此，在 3 年的时间里，我还是得到了约 275 个鸟类标本。收集鸟类标本主要是为了支持、验证野外的观察，其次是为了获得特别感兴趣的标本。这些鸟在田野里很容易识别，即使是罕见的，这些标本也只是碰巧落入我的手中。早期的观察者万卓志和胡本德曾在不同的刊物上报道过北戴河海滩的鸟类生活，但未能进行全年观察，所以我的观察填补了他们的空白。

我的报告主要是我在北戴河海滩的观察，虽然我在北京的观察和其他地方的一些观察也包括在内。只要已知出现在北戴河海滩的物种在野外很少被我错过，为了总结这份报告，我还借鉴了其他观察者在周边地区观察到的其他物种。

1951 | Spolia zool. Mus. haun. | Volumes 11 and 28 | Copenhagen | 1968

OBSERVATIONS ON
BIRDS IN
NORTH EASTERN
CHINA

AXEL M. HEMMINGSEN
and J. A. GUILDAL

SALES AGENTS FOR THE FAR EAST
VETCH AND LEE LIMITED · HONG KONG

AXEL M. HEMMINGSEN

OBSERVATIONS ON BIRDS
IN NORTH EASTERN CHINA

ESPECIALLY THE MIGRATION
AT PEI-TAI-HO BEACH

I. GENERAL PART

COPENHAGEN
1951

1942 年至1945 年，丹麦动物学家郝明森在北京、北戴河开展了为期3年的鸟类调查，并出版专著《中国东北鸟类迁徙观察》，书中不仅详细记录了各种候鸟迁徙途中经过北戴河的情况，还专辟了北戴河海滩鸟类章节，并配发了多幅当时北戴河的照片

郝明森在北戴河期间居住在胡本德的别墅

中国鸟类学家在昌黎调查鸟类

鸟类学家郑作新（中）向昌黎果园地区果农（右）询问当地禽鸟的活动情况，图片来源于1953年第8期《人民画报》

鸟类调查人员在北戴河沿海湿地捕捉鸟类标本、开展鸟类调查，图片来源于1953年第8期《人民画报》

在我国辽阔广袤的土地上，就现在所知，生活着近2000种亚种的禽鸟。其中有大家所喜爱的画眉、绣眼、百灵等，也有应季节寒暖而迁徙的候鸟，如黄莺、家燕、白鹭、大雁、野鸭等。

对这些鸟类的研究，过去大都限于单纯的分类学范围。中华人民共和国成立后，科学工作者们认清科学为生产服务和理论结合实践的重要性，鸟类研究的工作也正朝着面向生产的道路前进。

我们中国科学院动物研究室的鸟类研究工作者们决定进行害鸟、益鸟的调查研究，以便了解哪些鸟对果树有益、哪些有害及其为益为害程度，进而研究如何防除害鸟，繁殖益鸟。我们希望找出利用益鸟来减少果树虫害以提高水果产量和品质的途径。另一方面，这种研究的结果也可供日后制定狩猎法时参考。

经过了两个月的准备工作，

我们的调查队就出发来到河北省东北部的产果中心昌黎。

4月初，果树上刚出现嫩绿的幼芽。我们住在河北省果树园艺试验场，每天从清早起就背着猎枪、望远镜、采集袋等到山上山下的果园里去工作。农民给我们许多帮助：他们告诉我们各禽鸟在田圃间的活动情况，孩子们帮助我们用鸟笼、鸟夹等工具来捕捉禽鸟。不到3个月，我们已采得将近千只、分属120余种的鸟类。我们记录了它们的体重、体长等。经过登记，把它们剥制成模本，并取出鸟胃，分析胃里的食物，从而确定这种鸟在某一时期，甚至全时期，对于果树的益、害。在这次工作中，我们有许多初步的发现，如该地常见的红嘴乌鸦，其外形和色彩很像乌鸦，一般人都认为它是害鸟，经过初步的鸟胃分析后我们发现，它虽然吃一部分高粱、花生、柏树种子等，但其主要食物是危害果树的昆虫，因此可以说，在4、5月里这种红嘴乌鸦是益多于害的。有目的、有系统的鸟类调查工作，在中国还仅是一个开始。我们预备在一定地区取得经验和一定效果之后，再把调查工作推广到全国广大地区去。

中国科学院动物研究室　郑作新、钱燕文

采得的禽鸟剥制检验胃里的食物，以确定它们是害鸟还是益鸟，图片来源于1953年第8期《人民画报》

1958年1月科学出版社出版的《河北昌黎果区主要食虫鸟类的调查研究》图书

重新发现“观鸟胜地”

——剑桥鸟类学考察团到访北戴河

1985年3月，来自英国剑桥大学的鸟类考察团在北戴河联峰山调查迁徙鸟类

1982 年，正在剑桥大学读博士的马丁·威廉姆斯开始策划一次鸟类迁徙探险活动。在世界各地优秀的观鸟地点记录的鸟类清单中，发现了万卓志与胡本德在 1924 年的华北地区鸟类调查记录。他觉得中国东部应该是一个可以进行候鸟迁徙研究的地区。

在为这次探险做计划时，他参考当时的中国东部海岸地图，认为山东半岛尖端的石岛是研究鸟类迁徙的好地方。

1983 年 2 月，马丁开始咨询探险活动的可能性。曾于 1982 年春季带领观鸟团到中国北部观鸟的导游克里斯托弗·佩里斯（Christopher Perrins）博士认为，马丁的探险活动将很难安排，主要原因是当时的中国沿海地区很少对外国人开放，即使该项目与中国的学生联合展开，可能也会很难。国际鸟类保护理事会（ICBP）的项目官员保罗·戈留普（Paul Goriup）认为除了佩里斯博士提到的困难之外，成本可能会

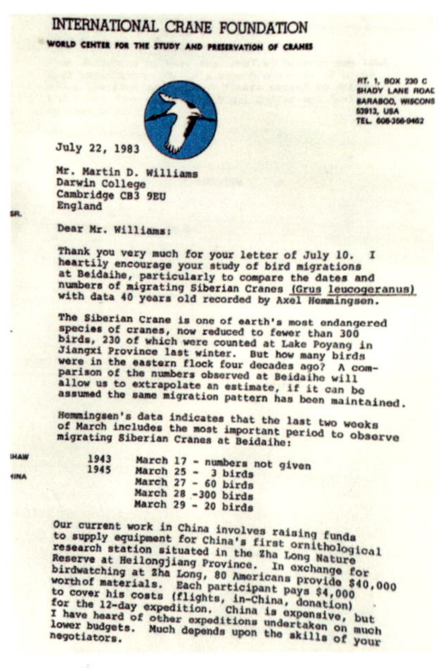

INTERNATIONAL CRANE FOUNDATION
WORLD CENTER FOR THE STUDY AND PRESERVATION OF CRANES

RT. 1, BOX 230 C
SHADY LANE ROAD
BARABOO, WISCONS
53913, USA
TEL. 608-356-9462

July 22, 1983

Mr. Martin D. Williams
Darwin College
Cambridge CB3 9EU
England

Dear Mr. Williams:

Thank you very much for your letter of July 10. I heartily encourage your study of bird migrations at Beidaihe, particularly to compare the dates and numbers of migrating Siberian Cranes (Grus leucogeranus) with data 40 years old recorded by Axel Hemmingsen.

The Siberian Crane is one of earth's most endangered species of cranes, now reduced to fewer than 300 birds, 230 of which were counted at Lake Poyang in Jiangxi Province last winter. But how many birds were in the eastern flock four decades ago? A comparison of the numbers observed at Beidaihe will allow us to extrapolate an estimate, if it can be assumed the same migration pattern has been maintained.

Hemmingsen's data indicates that the last two weeks of March includes the most important period to observe migrating Siberian Cranes at Beidaihe:

1943 March 17 - numbers not given
1945 March 25 - 3 birds
March 27 - 60 birds
March 28 -300 birds
March 29 - 20 birds

Our current work in China involves raising funds to supply equipment for China's first ornithological research station situated in the Zha Long Nature Reserve at Heilongjiang Province. In exchange for birdwatching at Zha Long, 80 Americans provide $40,000 worth of materials. Each participant pays $4,000 to cover his costs (flights, in-China, donation) for the 12-day expedition. China is expensive, but I have heard of other expeditions undertaken on much lower budgets. Much depends upon the skills of your negotiators.

1983年7月，国际鹤类基金会给马丁回信，支持他到北戴河开展鹤类迁徙调查

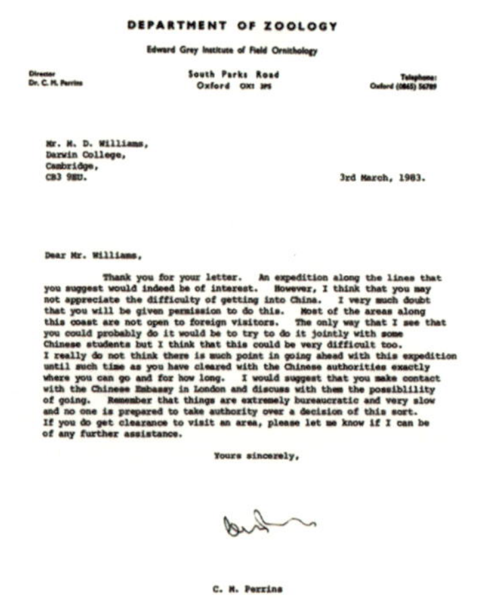

DEPARTMENT OF ZOOLOGY
Edward Grey Institute of Field Ornithology

Director
Dr. C. M. Perrins

South Parks Road
Oxford OX1 3PS

Telephone:
Oxford (0865) 56789

Mr. M. D. Williams,
Darwin College,
Cambridge,
CB3 9EU.

3rd March, 1983.

Dear Mr. Williams,

Thank you for your letter. An expedition along the lines that you suggest would indeed be of interest. However, I think that you may not appreciate the difficulty of getting into China. I very much doubt that you will be given permission to do this. Most of the areas along this coast are not open to foreign visitors. The only way that I see that you could probably do it would be to try to do it jointly with some Chinese students but I think that this could be very difficult too. I really do not think there is much point in going ahead with this expedition until such time as you have cleared with the Chinese authorities exactly where you can go and for how long. I would suggest that you make contact with the Chinese Embassy in London and discuss with them the possiblility of going. Remember that things are extremely bureaucratic and very slow and no one is prepared to take authority over a decision of this sort. If you do get clearance to visit an area, please let me know if I can be of any further assistance.

Yours sincerely,

C. M. Perrins

1983年3月3日，英国一家鸟类学研究所回复马丁，认为到北戴河调查鸟类活动很困难

很高，即使进行调查，也不太可能产生任何对研究有价值的结果。

英国皇家观鸟学会为他联系了已经开辟了中国旅游线路的英国旅游公司（Premier Study China Travel，后来更名为 Premier SCT China），1983 年 5 月 15 日，旅行社负责中国运营的经理罗杰·巴尔索姆（Roger Balsom）联系了马丁，罗杰认为当时中国正在不断向西方人开放，并向他推荐了 1983 年春季带领旅客到中国观鸟的杰弗瑞·博斯沃（Jeffery Boswall）。杰弗瑞认为北戴河是进行候鸟迁徙调查的最佳地点，因为这个地区在几十年前有一个比较完整的候鸟迁徙调查研究数据库。

1983 年 7 月 30 日，马丁收到了国际鹤类基金会乔治·阿奇博尔德博士的回信，在信中他鼓励马丁他们到北戴河调查。他告诉马丁，根据 1968 年郝明森与怀尔德（Guildal）出版的《中国鸟类迁徙观察》，在北戴河可以调查白鹤的数量，该物种处于高度濒危状态，当时全世界记录的数量不到 300 只。郝明森在北戴河调查发现，鹤类会在早春经

过北戴河。他建议将调查的开始日期提前到3月10日左右，希望他们能记录下经过的鹤类。

1984年12月，罗杰从中国国际旅行总社获悉，游客在抵达北京时可以获得签证，并收到了河北旅行社的电传，同意他们在北戴河组织这次探险，给出了平均每天每个人26英镑的折扣价。

1985年3月9日，刚刚获得英国剑桥大学博士学位的马丁与杰夫•卡瑞（Geoff Carey）、戴维•贝克韦尔（David Bakwell）、史蒂夫•霍洛韦（Steve Holloway）3人作为来中国探险的第一批队员乘坐巴基斯坦航班离开伦敦，3月10日傍晚抵达北京。

在北京，他们拜访了国家鸟类环志中心主任张孚允教授与中国鸟类学会秘书长谭耀匡。张孚允教授向他们介绍了自1983年春季中国开展鸟类环志活动以来的最新进展。他认为北戴河不再是研究鸟类迁徙的好地方，因为自从郝明森在北戴河结束研究后，该地区已经发生了很大的变化。谭耀匡秘书长也说没有

北京自然博物馆
PEKING NATURAL HISTORY MUSEUM

Mr. Martin D. Williams
Darwin College
Cambridge CB3 9EU
England

10 September 1983

Dear Mr. Williams:

Thank yuo for your letter of 10th July 1983 which I have just received on my return from an expedition to study the endangered birds in the Southwest China. I am ver pleased to know that you are hoping to lead an expedition to study bird migration in China during 1985. I also think the Beidaihe is a good place to study the bird migration and also it is more easy to have the permission from the Chinese authority for it is open for tourists also, then to northeast, Zhalong, Qiqihar city and Everwhite mountain are both interesting. As I know that the more important thing to do is to ask the permission and visa from the Chinese government and authority for it is not so easy to do as in the western country. If it is possible, then I would like to suggest which persons is more easy in participating in such a survey.

Ornithologists are usually much interested in each others work and frequently be particularly interested in co-work together. May I know your past works and publications in your Darwin College. During 3 August this year, I join the ICOM post-conference tour to Eastern and Northern England, Scotland,and the Cambridge is our first stop, just to look around the museum and a brief lunch, then arrived Leicester, Holiday Inn Hotel at 1530 3 August. Cambridge is a very famous city and the scenery is splendid. Have you been to visit Peking before? Is there many ornithologists working in Cambridge? I know that in Oxford it has many, and Dr. Perrins is my friend.

Leu us keep the lines of communications open between us and Darwin College and the Peking Natural History Museum, Ornithological Society of China.

Yours,

Hsu Wei-shu

Head, Dept of Zoology, Peking Natural History Museum,

1983年9月10日，北京自然博物馆许维枢研究员给马丁的回信，告知他北戴河是一个研究鸟类迁徙的好地方

The Royal Society
6 Carlton House Terrace, London, SW1Y 5AG
Telephone 01-839 5561 Extn 292 Telex 917876

13 April 1983

Our ref: CH/Gen/MLT

Dear Mr Williams,

Thank you for your letter of 4 April enquiring about an ornithological expedition to China.

I am afraid that I think the trip would be difficult to arrange on your own, but that if you had the backing of a senior ornithologist who would be prepared to lead your group and who would be able to present the Chinese authorities with a scientific proposal, it would meet with a more positive response than otherwise. The other alternative would be to allow yourselves to be organised by a tour group recognised by the Chinese, e.g. the Study China Travel Ltd. The question which remains is who finances your trip, and I am afraid that here the Royal Society would not be able to help.

I list below some useful names and addresses:

Study China Travel Ltd, 27 Leyland Road, London SE 12 8DS;
Dr David Macdonald, Dept of Zoology, South Parks Road, Oxford, OX1 3PS (he went to China on an ornithological trip, I think in 1981);
China International Travel Service, 4 Glentworth Street, London NW 1 (near Baker Street Station) They have information for intending travellers to China;
Mr Tan Yaokuang is the Secretary-General of the Chinese Ornithological Society, it may be useful to write to him stating your plans and asking for advice on how best to approach the correct authorities. Write c/o the China Association for Science and Technology, Beijing, and they should be able to forward your letter.

I hope that this gives you some avenues of enquiry. If you need any other specific information, please do not hesitate to contact me again.

Yours sincerely,

Ling Thompson

Mr Martin Williams
Darwin College
Cambridge
CB3 9EU

1983年4月13日，英国皇家学会给马丁的信件中提供了很实用的信息

1985年3月9日，马丁、戴维、杰夫、史蒂夫4人办理航班手续，乘坐巴基斯坦航班离开伦敦，飞往北京

1985年3月17日，北戴河西山宾馆副经理陈凤鸣先生邀请来自英国的鸟类考察团共进晚餐

1985年3月，第一次抵达北京的英国剑桥大学观鸟团在天安门广场观鸟

听说过北戴河最近有鸟类研究收获。

3月14日深夜，他们乘火车来到北戴河，住在当时可以接待外宾的西山宾馆。3月15日，他们第一次游览了这个仍处于严冬之中的小城，潮水线上结满了冰，浮冰从近海漂过，树光秃秃的，草是枯黄的，沿着海滨几乎找不到什么鸟。别墅花园里偶尔会出现北红尾鸲或戴胜，并意外地发现了长尾雀这个以前在北戴河没有发现的物种。当他们走回酒店时，很高兴地看到47只普通鹤和13只丹顶鹤北迁。自3月16日他们在联峰山调查迁徙候鸟开始，直至6月2日离开北戴河，两个半月时间内，他们的调查队增加到了8人，也收获了北戴河春季候鸟北迁的第一手准确数据。6月下旬，他们再次回到北京，并见到了北京自然博物馆动物系主任许维枢研究员，双方商定1986年秋天在北戴河合作研究中国候鸟迁徙项目后于6月24日飞回英国。

回到学校后，马丁发表了《1985年剑桥鸟类学中国考察报告》，这份报告让北戴河在国际社会声名鹊起，大量国际鸟类学者与观鸟人来到北戴河开展调查和研究。

1985年6月，英国剑桥大学观鸟团在北京拜访许维枢研究员，商定1986年秋天在北戴河合作研究中国候鸟迁徙项目

1985年4月，马丁的鸟类调查团在北戴河联峰山顶等待迁徙候鸟

1985年3月，马丁在北戴河联峰山上拍摄的迁徙鹤群途经北戴河上空

1985年3月，杰夫、戴维、史蒂夫在联峰山上观察鸟类活动

1985年3月的北戴河东海滩湿地

1985年5月，北戴河东海滩湿地景观

1985年3月，戴维在寒冷的北戴河沙滩调查鸟类

1985年3月，戴维在西山宾馆写鸟类调查记录

1985年5月，北戴河横河水库湿地公园的沼泽、湿地（现北戴河国家湿地公园，可惜的是，曾经的很多沼泽湿地变成了树林）

中外联合调查团在北戴河研究候鸟迁徙

1986年秋季，迁徙鹤群经过北戴河联峰山的自然画卷

1986—1990 年秋季，经过精心筹划和准备，马丁带领的剑桥大学鸟类调查团队先后与北京自然博物馆、黑龙江省科学院自然资源研究所、丹麦鸟类学会等单位的鸟类学家多次走进北戴河，联合开展了秋季鹤类、猛禽等国家重点保护候鸟的调查行动。

5 年间，调查团队首次记录了世界上一个地点最大的迁徙种群数量，如白鹤、鹊鹞等。通过与 1942—1945 年郝明森的调查数据比较分析，调查的 5 年期间在北戴河发现的鸟类有些种群较过去增长，有较多种群较过去数量下降。

在1986—1990年秋季的北戴河候鸟保护工程中，联合调查团对我国国家重点保护野生动物中的16种候鸟的种群数量进行了连续5年的观察和监测。时间分别是1986年8月20日至11月20日、1987年8月18日至11月30日、1988年9月8日至11月18日、1989年10月8日至11月16日、1990年8月19日至10月22日。

1986 年春季至 1990 年秋季，马丁所带领的团队分别与北京自然博物馆、黑龙江省科学院自然资源研究所、丹麦鸟类学会等单位的鸟类学家联合开展猛禽、鹤类、鹳类等调查项目期间，共记录了近400种鸟类，其中包括2729只东方白鹳（这一记录是当时世界已知东方白鹳种群的两倍多）、14 534只鹊鹞与452只大鸨，这些鸟在北戴河的迁徙情况在以前的中国几乎很少有人关注。同时，他们撰写的大量北戴河鸟类资源调查报告在国内外媒体发表，其中，马丁发表的《1986—1990年中国北戴河秋季鸟类迁徙》报告引起了极大的反响。更多国际观鸟人先后来到北戴河观鸟，开创了面向国际的北戴河观鸟活动，使北戴河成了数百万外国鸟迷心中远东最好的观鸟“麦加”，被誉为“世界观鸟胜地”。

猛禽迁徙调查

1986年，黑龙江省科学院自然资源研究所的陶宇和金龙荣等与剑桥大学鸟类考察团在北戴河共同观察了鸟类的迁徙情况。1987年，陶宇又与丹麦鸟类学会的斯蒂克·金森来到秦皇岛市北戴河区与山海关区调查猛禽迁徙的情况，并写出了《一九八七年秋北戴河猛禽迁徙的研究报告》。

1986年，许维枢、金龙荣与剑桥大学鸟类考察团在北戴河联峰山观鸟

鹤类迁徙调查

1986 年 8 月 20 日至 11 月 20 日，英国剑桥大学、北京自然博物馆、黑龙江省科学院自然资源研究所的鸟类专家、学者在北戴河地区开展鹤类迁徙研究。重点结合历史调查研究数据，对鹤类种群数量的变动、现状和未来的变化进行预测评价。

在调查研究中，1985 年春季和 1986 年秋季的鹤类种群数量分别为 17 399 只和 17 412 只，共记录了灰鹤、丹顶鹤、白头鹤、白鹤、白枕鹤、蓑羽鹤 6 种。特别值得提出的是，1985 年春季记录白鹤 652 只，1986 年秋季记录丹顶鹤 501 只、白头鹤 527 只，代表了已知世界白鹤种群的 40%，以及大多数在中国越冬的丹顶鹤和白头鹤。

1986年11月，马丁的调查团队在滦河口湿地调查鹤类迁徙

东方白鹳、黑鹳的迁徙调查

1985 年春季（3 月 15 日至 6 月 1 日）和 1986 年秋季（8 月 20 日至 11 月 20 日），英国剑桥大学、北京自然博物馆、黑龙江省科学院自然资源研究所的鸟类专家、学者开展了对北戴河东方白鹳和黑鹳迁徙的观察，以获取对于现在和将来种群变化的预测和评估。

调查结束后，鸟类专家、学者讨论认为：

一是种群数量变动，虽然黑鹳的种群与郝明森的观察变化不显著，但东方白鹳的种群数量显著下降。在 1945 年秋季，郝明森一天中记录有 1000—4000 只东方白鹳。

二是迁徙时间，根据观察，东方白鹳秋季迁徙晚于黑鹳，与欧洲的白鹳和黑鹳迁徙时间顺序相反。另外，秦皇岛的黑鹳迁徙高峰在 10 月中旬，而在土耳其（北纬 40°，与北戴河相似）迁徙高峰在 9 月末（郝明森、怀尔德，1968），可能反映两个地区秋季存在温差，而黑鹳适宜于较凉爽的气候。

东方白鹳和黑鹳在秋季均较春季常见，特别是东方白鹳最为明显，因而，东方白鹳春季迁徙时大部分不经过北戴河地区。

调查团队在北戴河联峰山调查鸟类迁徙

观鸟专家关注北戴河观鸟旅游

北戴河，这片位于我国东北部的海滨胜地，因其独特的地理位置和丰富的鸟类资源，成为观鸟爱好者的天堂。早在1990年，黑龙江省科学院自然资源研究所的三位专家陶宇、葛岩、金龙荣便与来自英国、瑞典、丹麦等国的鸟类学者联手开展了一系列鸟类调查。

他们在1986年至1990年的5年间，针对北戴河的猛禽、雁鸭、鹤类等候鸟迁徙进行了详尽的调查，他们的足迹遍布北戴河的山林、湖泊、滩涂，详细记录了各种鸟类的分布、习性及迁徙规律，为后续的观鸟旅游开发提供了宝贵的资料。

在深入考察与调研的基础上，这几位专家为北戴河如何开展观鸟旅游开发提出了专业建议。他们认为，北戴河应当充分利用其独特的鸟类资源，打造一批高质量的观鸟景点，为游客提供更为丰富、深入的观鸟体验。同时，他们也提出了加强鸟类保护、提高观鸟旅游服务质量等建议，以确保北戴河的观鸟旅游能够持续、健康发展。

这份报告不仅为北戴河观鸟旅游的发展指明了方向，也为其他地区的观鸟旅游开发提供了有益的参考。

北戴河建起河北省唯一的鸟类保护环志站

1993年8月，鸟类保护环志站的工作人员在北戴河海滨林场内开展环志工作

1987 年 8 月，林业部决定投资 30 万元，在北戴河海滨林场设立秦皇岛市鸟类保护管理研究站。

1988 年 8 月，秦皇岛市林业局、林学会邀请市科委、市科协、市环保局、团市委、环保干部管理学院、市建筑设计院、市委政策研究室、市科技情报所等单位的领导和专家研讨建立鸟类保护研究机构有关问题，并听取了河北省野生动物保护协会理事、河北林学院吴芳生副教授对北戴河湿地鸟类资源调查情况的介绍，市林业局副局长、市林学会理事长张焕生汇报了建立鸟类保护研究站的设想。11 月，中国林业科学院全国鸟类环志中心的专家张孚允、杨若莉、李重和、侯韵秋等应邀对建设秦皇岛鸟类环志站事宜进一步论证。秦皇岛市政府下达了关于成立秦皇岛市鸟类保护管理研究站的通知。

1989 年 3 月，林业部野生动物和森林植物保护司与河北省林业厅签署《联合建立秦皇岛市鸟类保护环志站协议书》。11 月，秦皇岛市科委邀请河北大学教授王所安、河北农业大学教授付守三、河北林学院副教授吴芳生、环境干部管理学院教授孔繁德和秦皇岛市科委张文群以及海滨林场、秦皇岛市林业局等有关人员对秦皇岛近海地区鸟类资源的调查研究和建站问题进行论证，并得到通过。

1990 年 5 月，秦皇岛市林业局任命乔振忠为秦皇岛鸟类保护管理研究站站长。9 月，秦皇岛市林业事业管理局将《关于秦皇岛市鸟类保护管理研究站计划任务书》报林业厅。林业厅转发了林业部《关于建立秦皇岛市鸟类保护环志站计划任务书的批复》，决定由林业部投资 80 万元，省配套 80 万元，建河北省唯一的鸟类保护环志站——秦皇岛市鸟类保护环志站，以保护生态环境、保护野生鸟类，依法开展鸟类保护宣传、鸟类环志和鸟类科研活动，对濒危、重点保护鸟类进行救护，并正式将秦皇岛市鸟类保护管理研究站定名为秦皇岛市鸟类保护环志站。

2002年8月，来自北京师范大学的师生在秦皇岛市鸟类保护环志站进行鸟类环志研究

北戴河沿海湿地候鸟资源普查

1987 年 9 月，河北省林业厅和秦皇岛市林业局签订《关于开展北戴河沿海湿地候鸟资源普查协议书》，责成秦皇岛市林业局组织实施。当月，河北省林业厅下达了鸟类资源调查补助费计划，并拨款开展鸟类资源调查。

1988 年 3 月，秦皇岛市林业局组织完成了对野外调查人员的培训，聘请河北林学院副教授吴芳生为顾问，开始在北戴河沿海湿地近海的大范围内进行鸟类调查。12 月，省林业厅向林业部报送《关于秦皇岛市沿海候鸟与资源情况的报告》。1989 年 11 月，秦皇岛市科委邀请河北大学教授王所安、河北农业大学教授付守三、河北林学院副教授吴芳生、环境干部管理学院教授孔繁德、秦皇岛市科委张文群，以及海滨林场、秦皇岛市林业局等有关人员对《秦皇岛近海地区鸟类调查研究》进行论证，并得到通过。

2004年，吴芳生在《秦皇岛近海地区鸟类资源的调查研究》报告的基础上，编写了《秦皇岛鸟类》一书

英国媒体报道马丁·威廉姆斯来北戴河观鸟

PAGE 42—The Mercury, Saturday 23 April 1988

CHINESE BIRDWATCH

A Scarborough bird-watcher who has been working in China and Hong Kong for nearly two years will soon be winging his way back there to set up a sanctuary.

Martin Williams has already started a bird-watching society in China, where conservation is at "a very low level".

Mr Williams made his first bird-watching visit to China in 1985 when he and a party which included Scarborough carpet-fitter and bird enthusiast Ron Appleby studied the migratory habits of cranes. In August 1986, Mr Williams — and Mr Appleby for a short time — returned with other ornithologists with an expedition called "China Crane Watch 86".

Working from the fashionable seaside resort of Beidaihe, about 280 kilometres from the capital of Peking, they counted 296 species of migratory birds. These included nearly 7,000 cranes of six different species, including about 150 of the extremely rare Siberian crane.

Other birds on their check lists included the red-crowned crane — of which they saw about 500, or one-third of the world's total population — oriental white storks, and pied harriers.

He also spent time at Lake Poyang, in South-West China, studying wintering cranes. He was filmed at work by the BBC film crew for a nature programme.

In between bird-watching forays, Mr Williams supported himself by working as a freelance writer and photographer in Hong Kong.

Ornithologist Martin Williams

He returned to Scarborough to be best man at the wedding of his brother, Philip, last Saturday, but is soon to go back to China and hopes to persuade the

by Jeannie Swales

local government of the Beidaihe area to buy the land for the nature reserve.

Then he hopes that, with help from organisations such as the Worldwide Fund for Nature (formerly the World Wildlife Fund), he will be able to provide binoculars and other equipment for budding local naturalists. He also plans a civic launch for the Beidaihe Bird-Watching Society, which, he admits, has only a few members.

Mr Williams (27) is a former pupil of Gladstone Road Junior School, the Graham School, and Scarborough Sixth-Form College. He studied chemistry at the University of Durham, and then took a PhD in physical chemistry at Cambridge University.

His parents, Derek and Muriel Williams, live at Scalby Road, Scarborough.

1988年4月23日，英国斯卡伯勒市的知名报纸《水星报》关于马丁来北戴河观鸟的报道

1988 年 4 月 23 日，英国斯卡伯勒市的知名报纸《水星报》上，一篇新闻报道吸引了众多读者的目光。该报道详细介绍了马丁来到中国北戴河观鸟的精彩经历。

报道不仅详尽地介绍了北戴河的鸟类资源以及北戴河鸟类保护协会的努力，更着重强调了北戴河作为观鸟旅游胜地的独特魅力。马丁和他的团队在这里惊喜地发现了 6 种鹤类，以及其他丰富的鸟类资源，充分展现了北戴河作为观鸟天堂的非凡地位。

这篇报道不仅展示了北戴河独特的自然生态，更向世界传递了北戴河在鸟类保护方面的积极态度。马丁的北戴河之行，不仅是一次难忘的观鸟之旅，更是中英两国在生态保护领域交流与合作的有力见证。

北戴河国际观鸟协会：搭建沟通桥梁，助力观鸟事业发展

随着中外观鸟爱好者不断增多，秦皇岛市北戴河地区迎来了观鸟热潮。在这样的背景下，1988 年 10 月，新中国首个观鸟协会——北戴河鸟类保护协会（北戴河国际观鸟协会）应运而生。该协会使用了两个名称，在国内使用北戴河鸟类保护协会，在接待外宾与对外交流时，使用北戴河国际观鸟协会，以方便分别组织接待国内的鸟类专家、学者、观鸟人与来自世界各地的鸟类专家、学者、观鸟团队，筹办各类观鸟活动，推动北戴河与国内外观鸟的交流。

经过两年的精心筹备，1990 年 10 月，北戴河鸟类保护协会编辑出版了第一期会刊。会刊包含英文版和中文版，内容丰富，旨在为广大观鸟爱好者提供一个交流学习的平台，也为对候鸟感兴趣的人们搭建一座沟通的桥梁，加强了国内外观鸟界的联系与合作。

北戴河鸟类保护协会会徽

The China Flyway　　October 1990

The China Flyway

—bulletin of the Beidaihe Birdwatching Society—

No 1. October 1990.

This is the first bulletin of the Beidaihe Birdwatching Society, appearing two years after the society was officially founded. English and Chinese versions will be published, and we hope the bulletin will form a useful 'bridge' between people in China and elsewhere who are interested in migratory birds which pass through east China.

Beidaihe bird reserve established

A bird reserve was established at Beidaihe in May this year. This comprises fields and marshes in the south-eastern corner of the Reservoir area. Under a plan prepared by Mike Dunsted, Head of Developments of the Wildfowl and Wetlands Trust, the reserve is to be transformed into a lagoon which will be overlooked by a visitor centre. BBS has applied to potential sources in Beijing for funds to begin the work, and is awaiting decisions on the applications.

Development of the reserve will be helped by BBS joining Wetland Link International, which is being set up the Wildfowl and Wetlands Trust, and

1

北戴河鸟类保护协会会刊

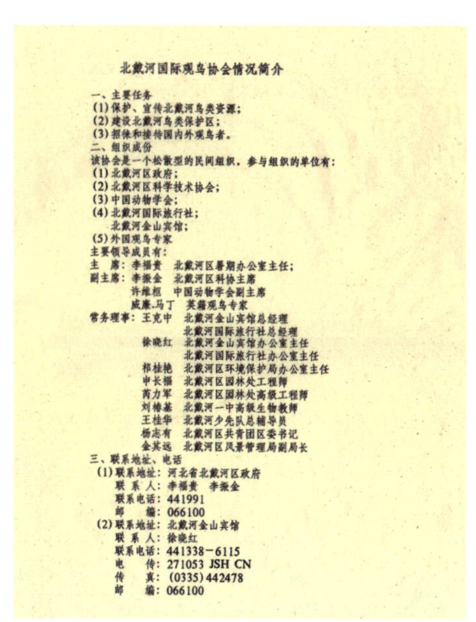

北戴河国际观鸟协会情况简介

一、主要任务
(1)保护、宣传北戴河鸟类资源；
(2)建设北戴河鸟类保护区；
(3)招徕和接待国内外观鸟者。
二、组织成份
该协会是一个松散型的民间组织，参与组织的单位有：
(1)北戴河区政府；
(2)北戴河区科学技术协会；
(3)中国动物学会；
(4)北戴河国际旅行社；
北戴河金山宾馆；
(5)外国观鸟专家
主要领导成员有：
主　席：李福贵　北戴河区暑期办公室主任；
副主席：李振金　北戴河区科协主席
许维枢　中国动物学会副主席
威廉.马丁　英籍观鸟专家
常务理事：王克中　北戴河金山宾馆总经理
北戴河国际旅行社总经理
徐晓红　北戴河金山宾馆办公室主任
北戴河国际旅行社办公室主任
祁桂艳　北戴河区环境保护局办公室主任
申长福　北戴河区园林处工程师
芮力军　北戴河区园林处高级工程师
刘椿基　北戴河一中高级生物教师
王桂华　北戴河少先队总辅导员
杨志有　北戴河区共青团区委书记
金其远　北戴河区风景管理局副局长
三、联系地址、电话
(1)联系地址：河北省北戴河区政府
联 系 人：李福贵　李振金
联系电话：441991
邮　　编：066100
(2)联系地址：北戴河金山宾馆
联 系 人：徐晓红
联系电话：441338－6115
电　　传：271053 JSH CN
传　　真：(0335)442478
邮　　编：066100

北戴河国际观鸟协会简介

北戴河鸟类保护协会到香港学习交流

1989 年，应世界自然基金会香港分会的邀请，北戴河鸟类保护协会的一个小组访问了香港米埔自然保护区，访问小组成员包括许维枢研究员夫妇、北戴河鸟类保护协会会长李福贵等。访问小组在香港分别参观了温室植物园、海洋公园等。

1989年，马丁（左一）与北戴河鸟类保护协会访问小组在香港米埔自然保护区合影

1989年，北戴河鸟类保护协会访问小组在香港温室植物园

1989年，北戴河鸟类保护协会访问小组在香港米埔自然保护区

北戴河举办鸟类资源新闻发布会

1990 年 5 月 11 日上午，北戴河区人民政府在北戴河金山宾馆国际会议厅召开了北戴河鸟类资源新闻发布会。来自新华社及《人民日报》《光明日报》《中国旅游报》《中国环境报》《中国林业报》《河北日报》《中国建设报》《农民日报》等多家媒体的记者参加了新闻发布会。

发布会现场，时任北戴河区人民政府区长的周卫东向媒体发布，北戴河区将赤土山周围的湿地及鸽子窝公园附近的千亩滩涂纳入保护区，建立北戴河赤土山鸟类自然保护区。北京自然博物馆研究员许维枢介绍了北戴河的鸟类资源，并用幻灯片的形式为媒体记者与参会人员播放了北戴河鸟类图片。

下午，赶来参加新闻发布会的国家部委、省、市相关单位的工作人员与新闻媒体的记者一起，来到北戴河赤土山鸟类自然保护区观赏湿地鸟类。

北戴河鸟类保护协会

全体理事会会议纪要

北戴河鸟类保护协会全体理事会于四月二十日上午在北戴河暑期办公室召开。内容，研究落实北戴河区人民政府举行的北戴河鸟类资源新闻发布会有关事宜。会长北戴河暑期办公室主任李福贵同志主持了会议。他把经协商并经区领导同意的新闻发布会的安排及落实方案先向理事报告，然后，经全体理事充分讨论，最后落实了任务，明确了分工。

一、新闻发布会的名称、时间、地点。名称是北戴河鸟类资源新闻发布会。举办单位：北戴河区人民政府。时间：一九九〇年五月十一日上午九时至十二时。地点：北戴河金山宾馆会议厅。会上，由周区长发布新闻，北京自然博物馆研究员许维枢教授介绍鸟类资源，并放映鸟类幻灯展览图片。下午，到北戴河赤土山鸟类自然保护区观鸟。

二、邀请单位及个人：上级单位：林业部、建设部、国家旅游局、国家科委、河北省林业厅有关领导，市区六大家领导，有关部门：市委、林业局、环保局、土规局、市科协、市老干部局。新闻单位：中国旅游报、新华社、人民日报、光明日报、中国环境报、中国林业报、河北日报、建设报、农民日报驻秦、驻北戴河记者，市、区报社、电视台、广播电台、宣传部门等。

—1—

1990年4月，北戴河鸟类保护协会研究落实鸟类资源新闻发布会的会议纪要

1990年5月11日下午，北戴河鸟类自然保护区的工作人员向记者介绍北戴河湿地的鸟类资源

1990年5月11日下午，参加北戴河鸟类资源新闻发布会的记者与工作人员一起到鸟类自然保护区观鸟

北戴河建立鸟类自然保护区

我国第一个鸟类自然保护区，本月中旬在中外驰名的避暑胜地河北省秦皇岛市北戴河区建立。

北戴河鸟类资源丰富，这里有覆盖面积 60% 以上的森林和广阔的沿海滩涂，又地处候鸟迁徙的固定路线，因而为候鸟停留、觅食、栖息提供了极好的自然环境。据专家学者观察和统计，北戴河已知鸟类就有 405 种（我国现有鸟类 1186 种），其中属于国家重点保护动物的 86 种。著名珍禽白鹳、鹊鹞的数量远远超过世界见诸报道的总数。这里也是世界上屈指可数的观鸟胜地，每年 3 月中旬至 5 月下旬是观鸟的最佳季节，吸引了大批中外学者和游客。

北戴河鸟类自然保护区总面积 1.5 平方公里。因目前资金有困难，保护区希望国内外有识之士前往投资，使这里尽快成为世界鸟类科研基地之一。

原文刊发于1990年5月20日《羊城晚报》

作者：高广庆

1990年3月，北戴河区成立了区级鸟类保护区，将赤土山周围的湿地及鸽子窝公园附近的千亩滩涂纳入了保护区范围，为候鸟开辟了栖息地

北戴河举办鸟类和环境保护知识大赛

1991 年 5 月，第一届鸟类和环境保护知识大赛在北戴河金山宾馆国际会议厅开赛，由北戴河区机关干部、青少年学生、宾馆服务员等组成的 7 支队伍参加了比赛，电视台对大赛活动进行了全程转播。

马丁（右）与北京自然博物馆许维枢研究员（左）在鸟类和环境保护知识大赛现场给北戴河的小学生普及鸟类知识

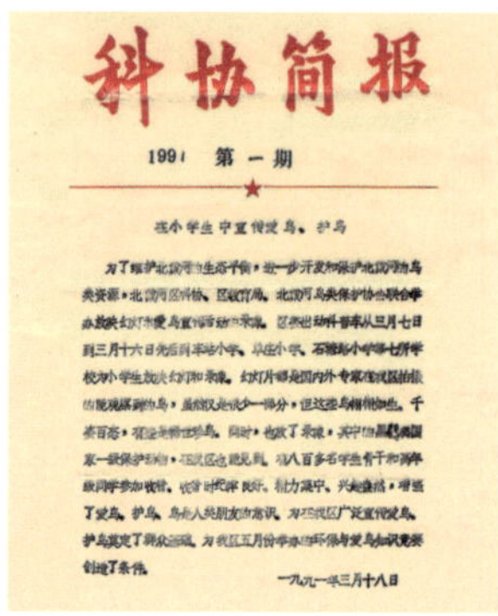

科协简报

1991 第一期

在小学生中宣传爱鸟、护鸟

为了维护北戴河的生态平衡，进一步开发和保护北戴河的鸟类资源，北戴河区科协、区教育局、北戴河鸟类保护协会联合举办放映幻灯片爱鸟宣传[illegible]。[illegible]从三月七日到三月十六日先后到车站小学、单庄小学、石塘路小学等七所学校为小学生放映幻灯和录像。幻灯片都是国内外专家在我区拍摄[illegible]的鸟，虽然仅是很少一部分，但这些鸟[illegible]。千姿百态，[illegible]。同时，也放了录像，[illegible]国家一级保护[illegible]，[illegible]。有八百多名学生骨干和高年级同学参加收看。收看时纪律良好、精力集中、兴趣盎然，增强了爱鸟、护鸟、鸟是人类朋友的意识，为在我区广泛宣传爱鸟、护鸟奠定了群众基础，为我区五月份举办的环保与爱鸟知识竞赛创造了条件。

一九九一年三月十八日

1991年3月18日，北戴河区科协发布的在小学生中宣传爱鸟、护鸟简报

1991年5月，北戴河举办第一届鸟类和环境保护知识大赛

保罗·霍尔特带观鸟旅游团来北戴河观鸟

2005年5月14日，保罗（左二）与北京鸟友在北戴河参加国际观鸟比赛

自1991年起，来自英国的保罗·霍尔特（Paul Holt）开始为美国的翅膀（WINGS）旅游公司和其在英国的太阳鸟（Sunbird）子公司工作，开启了他带欧美观鸟旅游团在华的观鸟之旅。风景秀丽的北戴河成了他们的重要目的地。霍尔特以他的专业知识与热情，引领着一批又一批的观鸟爱好者，在这里感受大自然的魅力。

至今，保罗已经连续30余年带领国际观鸟人在华观鸟。北戴河的美景与丰富的鸟类资源，吸引了无数观鸟者的目光。霍尔特以他深厚的专业知识和丰富的经验，为观鸟者们带来了难忘的观鸟体验。

在北戴河这片大自然的宝地上，保罗与他的观鸟旅游团队共同见证了鸟类的繁衍生息，也在这里留下了无数珍贵的回忆。他们在这里与大自然亲密接触，感受生命的奇迹，也在这里收获了友谊与成长。

保罗在北戴河的观鸟之旅，不仅是一段美丽的自然之旅，更是一次心灵的洗礼。他们用镜头捕捉鸟儿的倩影，用心灵感受大自然的韵律，用脚步丈量这片土地的宽广。

未来，保罗将继续带领更多的观鸟爱好者来到北戴河，共同探寻大自然的奥秘，感受生命的魅力。而北戴河，也将永远是他们心中最美的风景。

2017年5月19日，保罗（右一）带观鸟团在北戴河观鸟、收取鸟类鸣唱的声音

北戴河金山宾馆与“快乐岛”声名远扬

一对老夫妻在金山宾馆查询他们刚刚观测到的鸟类

1992 年，位于风景秀丽的北戴河的金山宾馆，迎来了一个历史性的时刻。当年的 5 月，这家宾馆创下了同一时段入住国际观鸟者超过 150 人的纪录。而与此同时，一个由马丁·威廉姆斯和保罗·霍尔特联合带领的海外观鸟团，也在乐亭石臼坨附近的海岛上取得了令人瞩目的观鸟成果。

在那些激动人心的日子里，马丁和观鸟团的成员们沉醉于鸟类的世界，感受着大自然的神奇魅力。当夜幕降临，他们围坐在一起分享着这一天的喜悦和收获，马丁灵感迸发，决定将这个美丽的地方命名为“Happy Island”（快乐岛）。这个名字不仅寓意他们在这里度过的快乐时光，也象征着这个地方的独特魅力和观鸟资源的丰富。

每天晚上，观鸟团都会在金山宾馆餐厅内核对当日观测到的鸟类数据、交流观鸟收获

随着时间的推移，“快乐岛”作为一个重要的鸟类观察

点逐渐传遍了国内外。越来越多的观鸟爱好者慕名而来，希望在这里亲眼看见那些珍稀的鸟类。而北戴河金山宾馆也因为其优质的服务和独特的地理位置，成为观鸟人下榻的首选之地。

如今，北戴河与“快乐岛”已经成为世界闻名的观鸟胜地，而北戴河金山宾馆与“快乐岛”更加声名远扬。

来自台湾的观鸟人在“快乐岛”上观赏、拍摄鸟类

北戴河湿地发现黑嘴鸥繁殖地

1992年5月，一支由国家林业部保护司、世界自然基金会（WWF）、大连鸟类研究中心及秦皇岛市鸟类保护环志站组成的联合调查组深入沿海地区，展开了一场针对黑嘴鸥繁殖地的详尽调查。此次调查的结果令人振奋，首次在北戴河湿地的滦河口地区发现了世界濒危物种黑嘴鸥的繁殖地。这一重要发现，不仅为黑嘴鸥的保护工作提供了新的契机，也为湿地生态系统的研究与保护注入了新的活力。

基于这一发现，多个国家有关湿地保护方面的专家联合发出宣言，呼吁社会各界积极关注并加强湿地保护工作。他们强调，湿地作为地球上最富生物多样性的生态系统之一，对于维护生态平衡、保护生物多样性具有不可替代的作用。而黑嘴鸥作为湿地生态的标志性物种，其繁殖地的发现更是凸显了湿地生态系统的重要性。

滦河口湿地的黑嘴鸥

中国首份区级中英文鸟类名录在北戴河发布

1992 年，北戴河鸟类保护协会副主席马丁·威廉姆斯与北京自然博物馆的许维枢研究员携手众多国内外观鸟爱好者，经过不懈努力，成功编写了我国首份区级英文鸟类名录。这一名录针对北戴河县级区域的鸟类进行了详尽的记录和分类。

为了让更多的观鸟人、专家和学者更好地了解、掌握北戴河的鸟类资源情况，北戴河鸟类保护协会不仅印刷制作了英文版《北戴河鸟类》，还安排北戴河鸟类保护协会资深会员张文群翻译了马丁·威廉姆斯综合多名观察员的笔记整理的英文鸟类名录，制作了中文版《北戴河鸟类资源》。这两本名录的发布，为国内外观鸟爱好者、研究人员提供了宝贵的信息资源，同时也推动了北戴河鸟类保护事业的发展。

这份区级中英文鸟类名录的发布，不仅展示了北戴河鸟类保护协会的专业性和影响力，也为国内外鸟类研究、保护和管理领域提供了有力支持。

北戴河发布的我国第一份区级中英文对照鸟类资源手册

《河北大学学报（自然科学版）》发表北戴河湿地近海鸟类报告

1992 年 8 月，《河北大学学报（自然科学版）》刊登了一篇题为《秦皇岛近海地区鸟类的调查研究》的报告，该报告由河北林学院的吴芳生、韩义生教授以及秦皇岛市鸟类环志站站长乔振忠等人共同完成。经过近 3 年的深入调查，研究团队对北戴河沿海湿地范围内的秦皇岛市 3 个区和 2 个县的不同生态环境进行了广泛的考察，共记录了 380 种鸟类，占据了当时河北省已发现鸟类总数的93.8%。更令人振奋的是，此次调查还首次在河北省内记录了 13 种新的鸟类品种。

这项研究成果不仅丰富了我们对北戴河沿海湿地鸟类资源的认识，也为河北省乃至全国的鸟类研究提供了新的重要数据。

第 3 期　1992 年　　河北大学学报(自然科学版)　　Vol.12 No.3

秦皇岛近海地区鸟类的调查研究*

吴芳生　韩义生　乔振忠　魏庆魁　张焕生

(河北林学院)　(秦皇岛市林业局)

摘　要

秦皇岛近海地区生态环境多样，鸟类资源丰富，经 1988 年 3 月至 1990 年 11 月的调查，发现记录了 380 种鸟(分属于 19 个目 59 个科)，占河北省鸟类(405 种)的 93.8%，其中候鸟为 345 种，候鸟中有中日保护候鸟协定(227 种)中的 181 种，占该协定鸟类的 79.7%；有国家级重点保护鸟类 64 种，河北省重点保护鸟类 78 种，河北省首次记录鸟 13 种，候鸟之多是该地区的特点，候鸟中的旅鸟为 279 种，占候鸟的 80.9%。

关键词：秦皇岛近海地区，鸟类区系，候鸟类群，鸟的生境

1　引言

秦皇岛市位于河北省的东北部（东经 118°33′38″ ～ 119°50′47″；北纬 39°22′32″～40°36′58″），北连承德地区，东北面与辽宁接壤，西面与唐山地区相连，南是渤海。市辖山海关、海港，北戴河等三个区和昌黎、抚宁、卢龙、青龙等四个县，全市南北长约 138 公里，东西宽约 110 公里，依山傍海，海岸线长达 124.4 公里。地势分为中山、低山、丘陵和平原，整个地形由北而南呈梯形递降，坡降比约为 13%。境内有大小河流 51 条。

秦皇岛属暖温带湿润季风气候，平均气温 10.1℃，无霜期 176 天，年平均降水量 736 毫米，植物生长繁茂，低山带为混交林、沿海有闻名遐迩的人工海防林，其间的丘陵多为人工松柏片林，森林总面积约为 296.86 万亩。

早在 1910 年 La Touche 在秦皇岛（即今之海港区）附近调查过鸟类迁徙，我国寿振黄于 1936 年在北戴河调查过鸟类，Hemmingsen 和 Guilder1942 年至 1945 年在北戴河东侧用较长时间观察记载过鸟类，Wilder 和 Hubbard 等也在此断续地研究过鸟类，解放后 1953 年郑作新等在昌黎果区调查过食虫鸟，陶宇等 1987 年在北戴河调查了猛禽迁徙，1986 年陶宇和金龙荣与剑桥大学鸟类考察团共同观察过鸟类迁徙，英国剑桥观鸟团自 1985 年以来长期在北戴河一带调查鸟类。这里丰富的鸟类资源，为我国政府所重视。我们在林业部和省林业厅支持下，在秦皇岛市林业局领导下，自 1988 年 3 月至 1990 年 11 月年在秦皇岛市近海的大范围内进行鸟类详细调查。

* 本文于1991年12月收到。

1992年，《河北大学学报（自然科学版）》刊发的秦皇岛近海地区鸟类调查研究报告

北戴河鸟历

“大雨落幽燕，白浪滔天。”这著名的词句描写了北戴河海滨的风光。这里不仅是我国著名的旅游、休养和避暑胜地，也是候鸟聚集的乐园。

世界上大部分鸟类都有随气候变化迁徙的习性，而鸟类的迁徙大多遵循着固定的路线，风光旖旎的北戴河海滨恰恰处于这样的一条路线上。每年春初秋末都有大量的鸟从北戴河飞过，有些还作短暂的逗留，因此这里是理想的观鸟和研究鸟类的基地。

北戴河能见到的鸟类之多，在世界上虽算不上绝无仅有，也是屈指可数的。我国鸟类有 1186 种，而北戴河就有 300 多种。特别令人兴奋的是，北戴河能见到不少世界著名珍禽，其中白鹤在 1985 年春见到 652 只，占世界已知数量的 40%；白鹳，世界过去共报道 1000 只，而在北戴河却见过 2729 只，创了世界纪录。此外，全世界过去报告只有 7 只遗鸥，我们在北戴河就见到了 7 只，估计总数可能有 100 只之多。至于丹顶鹤，更是成群结队、浩浩荡荡，每年春秋都从北戴河上空飞过。1986 年秋，我们还见到 14 700 只鹊鹞。这种鸟黑白分明、强健漂亮，只在亚洲分布，过去国外报道只有几十只，在北戴河发现这么多，多么令人振奋啊！

根据我们的调查，北戴河的留鸟有 11 种，即黑枕绿啄木鸟、星头啄木鸟、斑啄木鸟、小沙百灵、凤头百灵、沼泽山雀、大山雀、三道眉草鹀、金翅雀、树麻雀和喜鹊，其余均为候鸟。有些候鸟途经北戴河时凌空而过，而有些则在这里停留取食或者休息数日甚至数周。

北戴河观鸟的地点很多，如恒河和洋河河口（适宜鸭类、鸥类、燕鸥类和鸻鹬类停栖）恒河水库及其周围地区（适宜鹭类、秧鸡类、芦莺类生活），联峰山林木中（有啄木鸟类、鸫类、柳莺类、鹟类生活）。

鸻鹬类候鸟主要过境时间从4月中旬至5月下旬，以及7月至9月上旬，其中包括亚洲其他地方十分罕见而在北戴河为优势种的红腰杓鹬、稀有的半蹼鹬和小青脚鹬。有些鹬类是鸟类的“马拉松运动员”，如红胸滨鹬在北极地带繁殖，途经北戴河直到澳大利亚南部越冬。还有些鸟仅分布于亚洲东部，但都是北戴河春秋旅游的常客，如鸳鸯、黄脚三趾鹑、黑嘴鸥、遗鸥和细苇莺。鹤类和雁类途经这里的时间为每年3月中旬以及10月中旬至11月中旬。鹤群飞过北戴河上空时，呈英文字母V形编队，且飞且鸣，为一大奇观。其中属于濒危种的白鹤有1600只、丹顶鹤约500只、白鹳约3000只（据1986年秋统计），最大的一群达380只。

如果我们把候鸟过境的时间按先后顺序排列，可以得出下面一份“北戴河鸟历”：

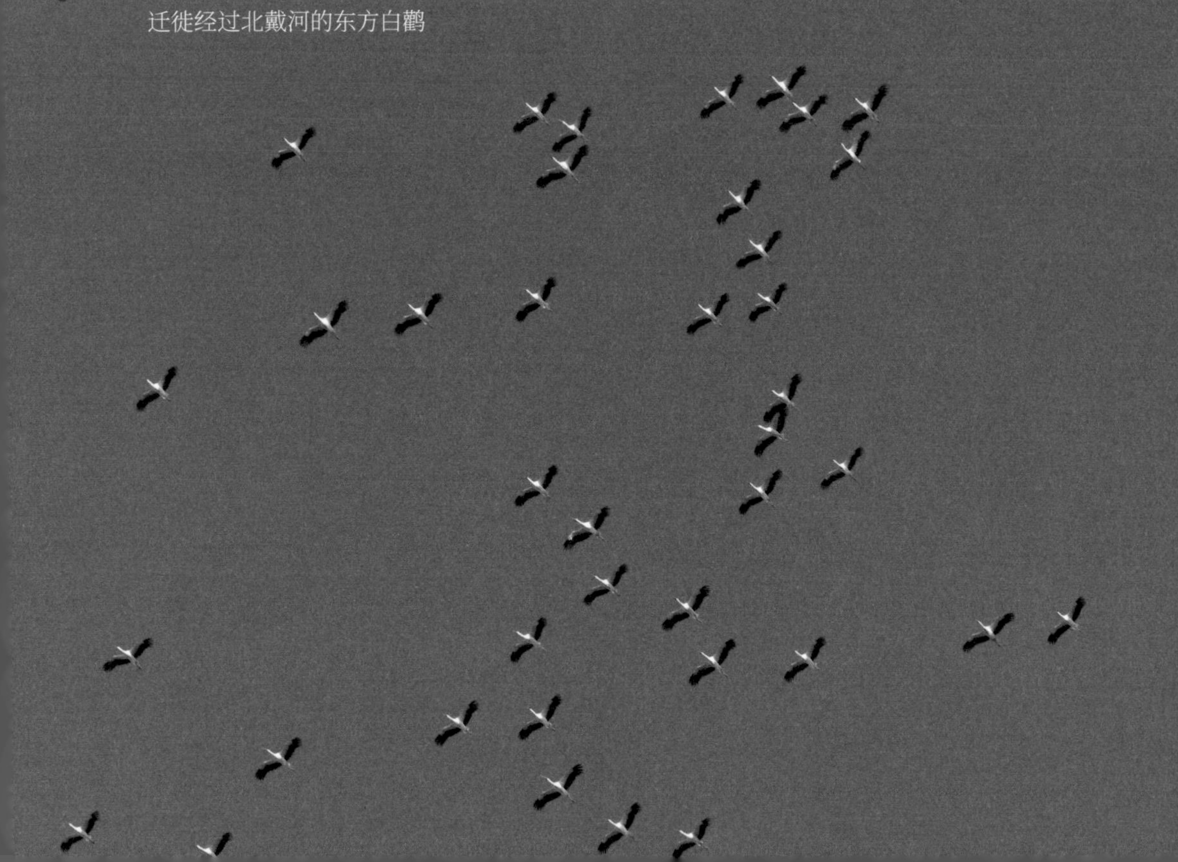
迁徙经过北戴河的东方白鹳

1月至2月，鸟类比较贫乏。有些年份有成群的毛腿沙鸡、蒙古百灵过境，在十分严寒的冬天，有时也能见到雪鸮。2月末，有迁徙的豆雁、秃鼻乌鸦、寒鸦，种群数量较多。豆雁迁徙时浩浩荡荡南下，飞行排列为“人”字或“一”字，边飞边鸣，常常发出“伊啊、伊啊”的叫声。

3月，冬候鸟开始离开。豆雁、鹤类、秃鼻乌鸦、寒鸦成群通过北戴河上空，特别在3月中旬为盛期。

4月，第一周开始，陆续迁来许多鸣禽，鸭类则向北飞走。鸻鹬类为中小型涉禽，它们种类很多，主要分布在北半球，身体大多为沙土色，奔跑迅速，翅尖，也很善于飞翔。

5月，上、中旬为北戴河候鸟春季迁徙的盛期，中旬以后数量显著下降。有些鸻鹬类（如鸻、秧鸡）和蝗莺等，则可以延续到5月的第三周和第四周。本月，大多数夏候鸟陆续出现。

6月，开始入夏，有些鸟类在当地繁殖，如池鹭、环颈鸻、戴胜、

在北戴河湿地繁殖的反嘴鹬带幼鸟觅食

金腰燕、黑尾蜡嘴雀、黑枕黄鹂等。这时，在北戴河海滩不仅可以倾听阵阵松涛和大海谐鸣，还可以听到黄鹂歌唱，其歌声嘹亮，终日不辍。正是“春天踪迹谁知？除非问取黄鹂”（黄庭坚：《晚春》）。北戴河的早晨和黄昏，不仅可以观赏到红日浴海、海霞月色，还能见到三五成群的金腰燕在空中飞舞，每天工作12个小时寻找食物。此外，6月末北戴河初见白翅鸥迁来。

7月，大批的鸻鹬类继续迁徙，这时北戴河碧蓝的海面上，点缀着数十只展翅高飞、豪放多姿的白翅浮鸥，构成一幅动人的图画。“泛泛江上鸥，毛衣皓如雪”（刘长卿：《弄白鸥歌》），而这里可以说是“泛泛海上鸥”了。

8月，种类众多的鸻鹬继续涌入北戴河的泥滩、河口和港湾。中旬，白腰雨燕向南移动。雨燕时而低空飞翔，时而腾空而起。特别在蒙蒙细雨中，一般鸟类总要赶紧回窝或找个地方隐蔽，而白腰雨燕却不介意滴滴小雨，反而显得更加活跃，在雨中嬉戏，真是名副其实的雨燕了。中旬以后，少数猛禽、许多种鸣禽（如田鹨、鹟类）通过北戴河地区。

9月，秋高气爽的头两周，鹊鹞大量迁徙而过。在联峰山，我们一天中曾见过3000只。这种鸟雄性体羽黑白相间，很像喜鹊。所以，又叫喜鹊鹞子、黑白尾鹞。9月份，鸻鹬迁徙进入尾声，但是许多其他种群陆续出现在北戴河上空，特别鸣禽较春季明显增多。

10月，冬天一步步来临，大多数食虫鸟本月中旬向南方飞去，特别在上、中旬是燕子迁徙的高峰。鸦类也十分常见。10月份全月都可以看见鹤类通过或停栖本地。此时，也可以看到秃鼻乌鸦和寒鸦，虽多达2000只以上，但远不如20世纪初叶。据文献记载，那时鸦类种群数量多达10 000只。

11月头两周，迁徙的种类和数量逐渐减少，但是到中旬，白鹤、白尾海雕、丹顶鹤和大鸨继续出现在北戴河。白鹤飞翔时，头、颈、

成群的白鹤由石河南岛上空飞过

腿前后直伸，飞行轻快，振翅缓慢，特别是在两翼摆动时，初级飞羽散开上下交错，姿态十分优美。本月中旬，普通秋沙鸭、鹊鸭、棕眉山岩鹨、白头鹀、铁爪鹀都相继到达北戴河地区。

12 月，鸟类秋季迁徙终止，只有很少数种可以看到。

北戴河鸟类保护协会副会长、研究员：许维枢

托尼·马的北戴河观鸟之旅

1993 年，著名的鸟类观察家、专业观鸟导游托尼·马担任领队，引领英国的野翅膀观鸟团踏上了北戴河的观鸟之旅。在随后 12 年里的每年 5 月，他都会如期而至，带领一群热爱自然的朋友们，在这片神奇的土地上追寻鸟类的踪迹。

在托尼·马的眼中，北戴河无疑是远东地区观察迁徙候鸟的最佳场所。他曾赞叹道："从全球范围来看，北戴河都堪称候鸟迁徙的绝佳观察点，甚至在广阔的渤海湾区域内，也找不到能与之媲美的地方。"

时光荏苒，2005 年 5 月，托尼·马最后一次以领队身份带领观鸟团来到北戴河。随着行程的结束，他也正式告别了领队生涯，将这一重任交给了马克·安德鲁斯。尽管退休，但托尼·马对鸟类的热爱和对北戴河的眷恋从未减退。

这段长达 13 年的观鸟之旅，不仅见证了托尼·马与北戴河之间的不解之缘，更展现了人与自然和谐共生的美好愿景。在他的引领下，无数观鸟爱好者得以亲身体验北戴河独特的生态魅力，在北戴河沿海湿地感受候鸟迁徙的壮观景象。

2005年5月，托尼·马（右三）最后一次带领观鸟团在角山长城观鸟

2005年5月9日，托尼•马（右）与北戴河金山国际旅行社的王玉珍总经理带观鸟团在南戴河湿地林带观鸟

2005年5月9日，托尼•马（右一）在湿地林带接受媒体采访

湿地与水禽保护（东北亚）国际研讨会在北戴河召开

由中国林业部、日本环境厅、湿地国际亚太组织联合主办的“湿地与水禽保护（东北亚）国际研讨会”于1997年3月4日至7日在北戴河召开。来自日本、韩国、俄罗斯、蒙古、澳大利亚、中国和美国（驻华使馆）的政府代表，《湿地公约》执行局、《迁徙物种公约》执行局、湿地国际、日本野鸟协会、世界自然基金会、国际鹤类基金会等有关国际组织代表，及中国各有关部门的代表和专家、学者共计120余人出席了会议。这次会议是继1994年岳阳会议之后，在中国举行的又一次湿地保护国际研讨会。与会代表普遍认为，这次会议不仅对中国，而且对东北亚乃至亚太地区的湿地与水禽保护工作将产生深远的影响。

会议上，东北亚各国分别介绍了本国在湿地与水禽保护方面所做的工作与取得的成就，认真研讨了“《湿地公约》1997—2002年战略计划”“亚太迁徙水禽保护战略：1996—2000”“东北亚鹤类保护行动计划”等文件，对东北亚各国如何开展合作、湿地与水禽保护应采取的途径、共同保护战略等问题进行了广泛探讨，取得了共识，并通过了重要的《北戴河宣言》。宣言强调了东北亚湿地对当地人们生产生活的重要性，及其在生物多样性方面的重大意义，宣言认识到加强区域合作和提高人们认识对保护湿地及水禽至关重要，呼吁和敦促各国政府和人民通力合作，保护和恢复东北亚的湿地。

本次会议的另一重大成果是建立了“东北亚鹤类保护网络”。东北亚地区是世界上鹤类分布最集中，也是保护工作压力最重的地区。为促使东北亚各国政府加强合作，采取协调一致的保护行动，共同保护本地区的珍稀鹤类，成立“东北亚鹤类保护网络”非常必要。中国、日本、俄罗斯、韩国、蒙古等国16个鹤类自然保护区第一批加入了网络，其中包括中国的兴凯湖、黄河三角洲、盐城和鄱阳湖4个自然保护区。

1997年，湿地与水禽保护（东北亚）国际研讨会会场

踏青观鸟北戴河

——首届北戴河“天海杯”国际观鸟大赛在秦皇岛举办

1999年5月，马丁（左一）、许维枢（左三）、北戴河区旅游局负责人徐晓红（右二）与北戴河金山宾馆的工作人员在国际观鸟大赛结束后合影

到自然界去观鸟已日益成为人们的一种体验自然、欣赏自然且又能积极参与其中的时尚户外活动，这项活动在我国正悄然兴起。1999年5月8日至15日，我国旅游胜地秦皇岛市北戴河区的旅游局和北戴河国际观鸟协会共同举办了首届北戴河“天海杯”国际观鸟大赛，此赛事也是在我国内陆首次开展的观鸟比赛活动。

参赛队伍中有5支海外代表队，是由来自英国、美国、法国、日本、挪威、丹麦、瑞典、瑞士、罗马尼亚、澳大利亚等10个国家的79位外宾组成，北京的“自然之友”和“绿家园”两支队伍共90余人也参加了比赛。一时间，这座美丽的海滨城市不时走动着身着运动装、胸前挂着望远镜的参赛队员。尽管在北戴河，人们早已熟悉了那些频频前来观鸟的外国人，此次观鸟大赛仍给当地的社区生活带来了新的风采。

在河北北戴河5月8日至15日举行的首届北戴河“天海杯”国际观鸟大赛上，参赛者发现了以往北戴河从未见到过的4种鸟，它们是白尾歌鸲、栗冠莺、蓝额红尾鸲和黑翅鸢。其中前两种在中国鸟类名录中也是罕见的。

北戴河是世界四大观鸟胜地之一，每年春秋两季都有大量迁徙鸟飞经北戴河或作短暂停留，因而吸引了来自世界各地的观鸟爱好者。北戴河及周边地区录得的鸟类迄今有405种之多，不仅有许多珍稀品种，而且在数量上有不少“世界之最”的纪录。

近10几年来，每年春秋两季都有大批国外的观鸟爱好者来北戴河观鸟。北戴河区旅游局今春举办首届国际观鸟大赛。有5支国外观鸟团体报名参赛，他们共79人，来自英国、美国、澳大利亚、日本、丹麦、挪威、瑞士、法国、罗马尼亚和瑞典等10个国家。另有2支观鸟队来自北京，人数多达90人，说明国内观鸟活动已逐渐起步，并十分看好北戴河。

这次观鸟大赛在同一时间内，英国野翅队录得鸟种最多，计194种；个人录得鸟种最多的达183种。蓝额红尾鸲、白尾歌鸲、栗冠莺和黑翅鸢的发现，将改写北戴河鸟类名录的总数，并将吸引更多的观鸟爱好者来北戴河。

北戴河国际观鸟大赛
发现四位“新客人”

1999年《中国经济信息》刊登的北戴河国际观鸟大赛新闻报道

走进大自然

大自然 1999年第4期 13

走进大自然

白鹭

观鸟 刘洪新 摄影

14 大自然 1999年第4期

1999年《大自然》杂志刊登的北戴河国际观鸟大赛侧记

北戴河地处辽西走廊西侧，北依燕山、南临渤海，在山脉与海岸之间的平原上，有着广阔的沿海滩涂和繁茂的林地。秦皇岛鸟类保护环志站的乔振忠先生介绍说，这一区域恰好处于东北亚鸟类迁飞路线的中间地段，迁徙鸟类的种类多、数量大，且时间集中、容易观察；同时北戴河又以其独特的海滨型生态环境吸引了众多迁徙候鸟在此停歇。于是自20世纪二三十年代开始，中外鸟类学家相继来到这里从事鸟类研究，近些年来，北戴河更成了东北亚地区观鸟活动的一个胜地。

中外人士以往在北戴河共记录到鸟类405种，其中只有11种为留鸟，其余全部是候鸟。每年初春，人们在北戴河可以见到北迁的丹顶鹤、灰鹤、东方白鹤等大型涉禽，陆续飞来的还有各种鸥类，包括红嘴鸥、黑嘴鸥、灰背鸥、普通燕鸥等。随后，鹭类又翩翩而至，有苍鹭、大白鹭、中白鹭、小白鹭、池鹭、夜鹭等。水禽中各种雁鸭类与多种鸻鹬类（如环颈鸻、灰斑鸻、白腰杓鹬等）也都会随同春季的到来而大批光临至此。在秋季的迁徙鸟类中，人们又可以见到白尾海雕、鹊鹞等多种猛禽及大鸨等珍稀鸟类。作为此次观鸟大赛技术委员会主任的

1999年5月，在海滨花园大酒店礼堂举办的首届北戴河“天海杯”国际观鸟大赛活动仪式现场

我国著名鸟类学家许维枢先生说，在北戴河以往记录到的405种鸟类中，一些鸟类只在北戴河的上空飞翔而过，一部分会在这里停留取食或者休息数日再起程。北戴河所见到的鸟类不仅种类颇多，而且数量相当大，特别是在北戴河能够见到不少世界著名的珍禽，例如，在这里曾首次记录到东方白鹳的最大迁徙群体为2729只，遗鸥曾记录有850只，黑嘴鸥有80只，而丹顶鹤、白鹤等鹤类在秋季迁飞时成群结队地在北戴河上空且飞且鸣，更成为一道奇景。

5月是春季迁徙鸟类相聚在北戴河的高峰时节，在这个时间举办观鸟比赛是统计鸟类种类、数量的绝好时机。果然，5月15日召开的评判会上爆出新闻，来自国外的两支参赛队在北戴河发现了4种新的鸟类，它们是黑翅鸢、蓝额红尾鸲、白尾歌鸲和栗冠莺。由此，长期以来北戴河有鸟类405种的数据被扩写为409种。

比赛结果，英国的野翅膀队共观察记录到194种鸟，其中3种为新记录，荣膺团体比赛的第一名；同样是来自英国的太阳鸟队记录到188种鸟，其中1种为新记录，获团体比赛的第二名；瑞典的瑞格拉斯队记录到179种鸟，位居第三名。来自北京的两支队伍因参赛时间仅为两天，记录到的鸟种不及获奖队。

获得本次观鸟比赛个人奖第一名的是来自太阳鸟队的保罗·豪特和汉努·亚姆斯，以发现183种鸟而并列第一；第二名是凯斯·盖伦，来自野翅膀队，他发现了177种鸟；第三名是盖力·霍沃德，来自太阳鸟队，他记录了175种鸟。

获得个人特别奖的是北京首都师范大学的高武先生和北京师范大学的赵欣如先生。

原文刊发于1999年第4期《大自然》杂志

放飞它们=保护我们

——国内首次大规模大型珍禽放飞活动在北戴河举行

放飞的珍禽飞向蓝天

蓝天、碧海、金沙，在北戴河沿海湿地，20余只仙鹤一飞冲天，融入了如画的风景中。继而，数只雕、隼等也被放飞，凌空翱翔，海滩上响起阵阵欢呼声。

2002年3月22日上午，中国野生动物保护协会秦皇岛野生动物救护中心救护动物放飞活动，引来国内多家媒体和鸟类爱护者。这是我国首次大规模放飞国家一、二级重点保护的大型珍禽。

中国野生动物保护协会秦皇岛野生动物救护中心成立于2001年4月，救护中心在建设过程中已成功救护了丹顶鹤、灰鹤等国家一、二级保护野生动物21种62只。这些或伤或病的鸟绝大多数是秦皇岛地区及周边的群众在野外发现后主动与中心联系后得到救助的。这次放飞的35只鸟是救护后恢复健康、可以适应野外生活的一部分。春天是鸟类北迁的时节，秦皇岛是鸟类北迁的东部沿海通道，救护中心选择了3月末这一放飞的好时机。昌黎县团林乡赵福奎一家也参加了放飞活动。今年2月，赵福奎救起了一只中毒的灰鹤，赵福奎的儿子赵铁强按照大夫的要求每天给灰鹤喂食、喂药。20多天后，灰鹤完全康复，被救护中心的工作人员接走。

当日放飞的鸟中，有丹顶鹤、金雕、黑鹳等3种国家一级保护野生动物3只；灰鹤、秃鹫、大天鹅、毛脚鵟、普通鵟、雕鸮、灰背隼等7种国家二级保护野生动物32只，赵福奎与家人救助的灰鹤也在其中。

救护中心的负责人说："正因有了许多像赵福奎这样善良的秦皇岛人，受伤的鸟儿才有了重返大自然的机会。"

这次放飞活动的主题是"关注鸟类，珍爱自然，建设绿色家园"。鸟类救护工作人员希望通过这次活动向全社会呼吁：野生动物是我们的朋友，鸟儿更是野生动物之中的精灵，关爱野生动物、保护生态环境、维持生态平衡，等于保护我们自己。

原文刊登于2002年3月23日《秦皇岛晚报》一版
作者：李宏伟、李蔷
摄影：刘力钧、李历、姜涛、刘学忠

放飞活动现场

北戴河湿地被列入省级自然保护区

2002 年 9 月 3 日，秦皇岛市林业局隆重举行了河北省北戴河省级自然保护区综合考察及初步规划专家论证会。此次会议汇聚了河北省和秦皇岛市的多位林业、湿地及鸟类专家，共同探讨和论证北戴河湿地列入省级自然保护区的重要议题。

会议期间，与会专家深入探讨了北戴河湿地的生态价值、生物多样性以及面临的保护挑战。经过充分论证，专家们一致认为，北戴河湿地作为重要的生态系统和鸟类栖息地，具有重要的生态意义和保护价值，将其列入省级自然保护区，不仅有利于保护该区域的生态环境，还能促进生物多样性的保护和可持续利用。

2002年9月3日，来自河北省和秦皇岛市的多位林业、湿地及鸟类专家来到秦皇岛市林业局，参加北戴河省级自然保护区综合考察及初步规划专家论证会

2005年北戴河国际观鸟大赛

2005 年北戴河国际观鸟大赛以总共记录到 252 种鸟类大获成功。据统计，5 月 1 日至 14 日，来自英国、美国、澳大利亚、瑞典、挪威、丹麦等国家，来自中国大陆的北京、上海、河南、湖南、河北与来自中国台湾台北、南投、桃园、彰化等地的观鸟者共计 308 人次 39 支队伍，参加了这次庆祝北戴河国际观鸟 20 周年的大赛。观鸟比赛获优胜奖的前三名参赛队分别来自中国和英国。中国台湾白耳画眉队获慧眼奖，河南孟津自然保护区的小青脚队获预测奖。

这次观鸟大赛由中国野生动物保护协会、河北省野生动物保护协会、秦皇岛市林业局与北京观鸟会、北戴河国际观鸟协会共同主办。据主办方介绍，观鸟比赛记录了比赛区域鸟类的数量和栖息地环境及活动时间等综合信息，是一份综合的鸟类生态记录。开展观鸟比赛活

2005年5月10日，来自欧美的观鸟队在比赛中

2005年5月，参加北戴河国际观鸟大赛的国内队员在比赛中

2005年5月14日，中国著名鸟类学家许维枢（左图），英国剑桥大学博士、鸟类学家马丁•威廉姆斯（右图）在2005年北戴河国际观鸟大赛联谊会现场致辞

动，是野生动物保护的一种新形式，旨在宣传保护野生动物和生态，引导全社会从旅游休闲中增强野生动物保护的意识，促进人与自然和谐发展。

北戴河处在远东迁徙鸟类的必经路线上，是东亚重要的候鸟迁徙通道，每年春秋两季有数以万计的鸟经过这里，其中包括大量珍稀和濒危物种。北戴河东南向海，大面积的滨海滩涂和多条河流入海形成广阔的淡咸水交接地带，为不同鸟类提供了多样的栖息条件，使这里的鸟类密度增大，成为国际观鸟胜地。

2005 年是北戴河国际观鸟 20 周年。20 年来，北戴河共接待外国观鸟者和国内观鸟旅游者 3000 多人次，促进了北戴河淡季旅游业的发展。

2005年5月，参加北戴河国际观鸟大赛的英国野翅膀观鸟团的队员在比赛中

台湾观鸟人恋上北戴河

自2005年起，北戴河这块自然宝地便与宝岛台湾结下了不解之缘。2005年5月，北戴河国际观鸟大赛首次迎来了中国台湾观鸟团，北戴河丰富的鸟类资源立刻引起了众多台湾观鸟人的浓厚兴趣。次年4月，“黑琵先生”王征吉便与朋友踏上了北戴河的观鸟之旅。随后的5月，台湾悠鹤旅游的总经理许建忠更是邀请了台湾“四大鸟王”之首的萧木吉老师，组建专业团队再次造访北戴河。而到了2006年10月，为了开辟北戴河秋季观鸟线路，许建忠再次携手萧木吉与中国台北野鸟学会的资深讲解员黄玉明老师，共同展开了为期两个月的秋季候鸟迁徙调查活动。

2005年5月14日，中国台湾观鸟团参加北戴河国际观鸟大赛联谊会

2007年5月7日，中国台湾观鸟团在北戴河湿地观鸟

2006年4月21日，中国台湾的“黑琵先生”王征吉与朋友在长城上观鸟

2007年5月7日，中国台湾野鸟生态摄影师陈家盛在北戴河湿地观鸟

在这段时间，萧木吉与黄玉明两位老师不仅深入调查了北戴河的鸟类资源，还协助秦皇岛市的观鸟爱鸟志愿者，共同谋划成立秦皇岛市的观鸟、爱鸟组织。他们白天带领志愿者们进行野外调查，晚上则在住处为他们详细讲解鸟类辨识技巧，这一举动无疑极大地推动了秦皇岛当地观鸟活动的进步与发展。

从2005年至2015年，台湾观鸟团多次造访北戴河，与秦皇岛的观鸟爱好者们并肩同行，共同在沿海湿地、青龙河沿线、山海关石河南岛、七里海湿地等地观赏迁徙的候鸟。这些观鸟活动不仅让两岸的观鸟人享受到了大自然的乐趣，更在共同的兴趣与追求中结下了深厚的友谊。

萧木吉老师的无私奉献和耐心指导，使得秦皇岛的第一批观鸟人在短时间内取得了显著的进步。他们不仅学会了如何辨识各种鸟类，更在萧老师的带领下，逐渐成为观鸟领域的佼佼者。

这段跨越海峡的观鸟情缘，不仅见证了北戴河鸟类资源的丰富与独特，更展现了海峡两岸观鸟人在文化交流与自然保护方面的共同追求与努力。随着两岸交流不断深入，相信会有更多的台湾观鸟人来到北戴河，共同守护北戴河湿地这片美丽的自然家园。

2006年10月，来自台湾的萧木吉老师（左）在北戴河联峰山指导本地观鸟人辨识鸟类

2006年10月，来自台湾的黄玉明老师（右）在北戴河联峰山与本地观鸟人一起观鸟

秦皇岛市观（爱）鸟协会注册成立

秦皇岛因北戴河沿海独特的湿地资源和丰富的鸟类种群，成为众多观鸟爱好者的天堂。2006年6月1日，一场意义非凡的“关注湿地、保护鸟类——建绿色和谐港城”义卖捐助活动在秦皇岛市青少年宫举行。此次活动由秦皇岛市青少年宫、秦皇岛市观（爱）鸟协会筹备组以及秦皇岛市海港区外语实验学校小学部共同组织，旨在唤起公众对湿地和鸟类的保护意识。

2006年9月8日，时任秦皇岛市政协副主席范怀良组织相关单位与部分筹备组人员召开成立秦皇岛市观（爱）鸟协会座谈会

活动现场，秦皇岛市政协时任副主席的范怀良、秦皇岛华盾集团董事长王玉臣、秦皇岛通联公司总经理李勇毅、秦皇岛天秦塑胶集团董事长宋金锁等领导与企业家们齐聚一堂，共同参与义卖和鸟类放飞活动。同时，他们就秦皇岛市观（爱）鸟协会的成立事宜进行了深入的讨论和交流。

经过几个月的精心筹备，2006年9月5日，秦皇岛市观（爱）鸟协会筹备组初具雏形。筹备组的核心成员包括秦皇岛市商务局原副局长、秦皇岛市贸促会会长傅勇，《秦皇岛日报》摄影记者刘学忠，秦皇岛市鸟类环志站原站长乔振忠，秦皇岛海港区外语实验学校小学部刘秋玲，秦皇岛市科协张文群，以及来自不同行业的多位热心企业家。他们共同向秦皇岛市政协副主席范怀良发出了成立秦皇岛市观（爱）鸟协会的请示。

2006年9月8日，范怀良组织相关单位与部分筹备组人员召开座谈会。会上，大家一致同意成立秦皇岛市观（爱）鸟协会。随后，筹备组紧锣密鼓地展开工作，于11月27日分别向秦皇岛市林业局、秦皇岛市民政局提交了成立协会的请示，并顺利得到了批复。

在秦皇岛市民政局的指导帮助下，2006 年 12 月 21 日，秦皇岛市观（爱）鸟协会正式注册成立。这标志着秦皇岛市在鸟类保护和生态文明建设方面迈出了坚实的一步。在傅勇会长的协调下，秦皇岛华盾集团董事长王玉臣、秦皇岛通联公司总经理李勇毅、秦皇岛天秦塑胶集团董事长宋金锁、秦皇岛北方船舶董事长高崇颖、秦皇岛家惠超市总经理李永衡、秦皇岛柳江煤矿总经理杨玲等热心企业家纷纷慷慨解囊，每人捐助5000元作为协会的注册资金，并申请加入协会担任理事。

秦皇岛市观（爱）鸟协会的正式成立，不仅为观鸟爱好者提供了一个交流学习的平台，也为保护和研究鸟类提供了组织保障。注册会员共 54 人，其中单位会员 3 家。

2006年9月8日，秦皇岛市最早的观鸟人张文群（左）、乔振忠（右）参加秦皇岛市观（爱）鸟协会成立事项座谈会

2006年6月1日，参加活动的秦皇岛市海港区外语实验小学师生到沿海湿地放飞救助的鸟

两岸观鸟人携手谱写观鸟旅游文化交流新篇章

黄玉明老师向观鸟人介绍北戴河的鸟类资源

秦皇岛观鸟志愿者向英国皇家观鸟会会长介绍北戴河的鸟类资源

2007 年秋天，一份特殊的邀请飞越海峡抵达秦皇岛市观（爱）鸟协会。这个邀请让秦皇岛的观鸟人有机会跨越海峡飞往宝岛台湾，参加由中国台北野鸟学会主办的国际赏鸟节活动。这次活动不仅是一次观鸟爱好者的盛会，更是北戴河与台湾观鸟文化交流与融合的重要时刻。

赏鸟节现场，来自世界各地的观鸟爱好者齐聚一堂。其中，萧木吉、黄玉明、许建忠等 3 位老师的参与更是为活动增添了浓厚的学术氛围。他们亲临现场，以生动的语言和详细的解说向台湾广大观鸟爱好者介绍北戴河独特的鸟类资源，让每一位来宾都对北戴河的鸟类有了更深入的了解。

在中国台北国际赏鸟节，台湾观鸟人了解北戴河的鸟类资源

秦皇岛市观（爱）鸟协会会员展示海峡两岸观鸟人相互邮寄的鸟类生态明信片

小朋友在海峡两岸鸟类摄影展现场观赏鸟类摄影作品与台湾木雕鸟类作品

值得一提的是，北戴河丰富的鸟类资源引起了国际观鸟组织的广泛关注。英国皇家观鸟会、泰国观鸟会、马来西亚观鸟会等国际观鸟组织的代表纷纷前来交流。

2008 年 2 月 2 日，两岸观鸟人的合作更进一步。萧木吉、潘明丽、叶守仁、洪坤标、刘原福、吕宏昌等 6 位老师与秦皇岛市观（爱）鸟协会联合，在秦皇岛举办首届海峡两岸鸟类摄影展活动。这次展览也让秦皇岛市民有机会近距离欣赏台湾鸟类雕刻大师黄麟鸣栩栩如生的鸟类雕刻作品。

为了纪念这次活动，秦皇岛市观（爱）鸟协会与秦皇岛市邮政局联手，发行了河北省第一套北戴河湿地鸟类明信片，并第一时间邮寄给台湾的观鸟朋友。

自 2005 年开始，通过观鸟这一共同爱好，两岸观鸟人的心紧紧相连，共同谱写了观鸟旅游文化交流的新篇章。

秦皇岛市观（爱）鸟协会调查北戴河鸟类迁徙

2005 年秋季至 2008 年秋季，秦皇岛市观（爱）鸟协会在北戴河地区开展了一场为期 3 年的鸟类迁徙调查。这是首次由秦皇岛本地人独立完成的鸟类调查，初步掌握了北戴河沿海湿地鸟类资源的整体情况，为当地乃至全国的鸟类研究提供了宝贵的数据。

这次调查不仅是对北戴河鸟类资源的一次全面摸底，更是对秦皇岛市观（爱）鸟协会成员的一次严峻考验。在乔振忠等专家的带领下，协会成员克服了种种困难，用他们的汗水和智慧为鸟类保护事业贡献了自己的力量。

通过这次调查，人们更加深入地了解了北戴河地区鸟的种类、数量、分布和迁徙规律，为当地生态保护和可持续发展提供了有力支撑。同时，这次调查也增强了公众的鸟类保护意识，提升了大家的参与度，形成了人人关心、支持鸟类保护的良好氛围。

2005年11月11日，丹顶鹤与灰鹤混群飞越北戴河

在秦皇岛市林业局、北戴河区委、区政府的支持下，秦皇岛市观（爱）鸟协会与众多观鸟、爱鸟人共同努力，让这片湿地成了鸟类栖息的天堂。他们的工作不仅是对自然的尊重，更是对未来和谐生态的期许。愿这份热爱与坚守，能让北戴河的鸟类资源得到更好的保护，让这片天空永远充满生机与活力。

2006年11月1日傍晚，成群的灰鹤飞越北戴河联峰山

《河北日报》记者在北戴河联峰山采访正在监测鸟类迁徙的志愿者乔振忠

在北戴河联峰山，监测鸟类迁徙的志愿者乔振忠与《秦皇岛日报》摄影记者刘学忠察看刚刚拍摄的鹤群照片

北戴河三角湿地4000万元打造“鸟的天堂”

2008年5月，施工人员在北戴河湿地平整环湿地河道林带

2008 年初，秦皇岛市斥资近 4000 万元启动北戴河三角湿地恢复工程，湿地的生态景观、林地、水系、水质等得到恢复。

北戴河被誉为“世界四大观鸟地之一”，然而自 1984 年以来，这里变成了养虾池和奶牛场，原有的地形地貌与功能遭到破坏，河道内水质受到污染，海水倒灌现象极其严重。为还原湿地的生态功能，还鸟儿一片良好的栖息地，2008 年初，秦皇岛市拆除全部临违建筑，栽植了乔木、灌木 10 万多株，地被植物 6 万平方米，打通了湿地与新河及周边水系的连接，使湿地内形成了循环畅通和水体净化的完整系统。同时，还栽种了山楂、小紫珠、枸杞等浆果类植物，为鸟类过冬准备了充足食物。

2011 年 3 月，北戴河三角湿地被批准建设河北北戴河国家湿地公园（试点）；2015 年 12 月 31 日，正式成为“国家湿地公园”。

2009年4月30日，聚集在北戴河国家湿地公园内的鸥鸟准备向北迁徙

中国首家鸟类标本博物馆在北戴河开放

2008 年 10 月，中国首家专业鸟类标本博物馆——秦皇岛鸟类博物馆日前正式对外开放。

2008年10月16日，工作人员与志愿者在刚刚开放的秦皇岛鸟类博物馆调整鸟类标本

博物馆位于国际湿地保护组织命名的“北戴河湿地”附近，建筑总面积 1947 平方米，展陈面积 1650 平方米，以滨海湿地和观鸟类栖息地为主题，分为“鸟的世界”“湿地与水鸟”“4D 动感电影体验区”“其他互动项目”等 4 个展区，共展出鸟类标本 260 多种、600 余只。其中，国家一级、二级保护动物 150 余种，80% 以上的鸟类都可在北戴河湿地附近发现。

北戴河湿地是候鸟在西伯利亚、中国北方与南部、菲律宾、澳大利亚迁徙途经的一个驿站，途经这里的鸟类占我国目前记录鸟类总数的 1/3，是无可替代的鸟类研究基地和国际观鸟胜地，备受世界鸟学界和观鸟界瞩目。

原文刊登于2008年10月29日《中国绿色时报》

作者：齐联

倡导爱鸟护鸟，北戴河举办观鸟摄影大赛、大展

2009年5月10日，北戴河国际观鸟大赛颁奖暨鸟类摄影大赛启动仪式现场

2009 年 5 月 10 日，2009 年北戴河国际观鸟大赛颁奖仪式暨鸟类摄影大赛启动仪式在北戴河举行。

2009 年 5 月至 2016 年 10 月 15 日，由中国野生动物保护协会、河北省野生动物保护协会、秦皇岛市人民政府主办，秦皇岛市林业局、旅游局等承办的北戴河国际观鸟摄影大赛、摄影大展活动连续开展了 5 年，在推进湿地保护、增强人们的生态保护意识、树立全社会爱鸟护鸟新风尚方面做出了积极贡献。

2009年5月10日，参加北戴河国际观鸟大赛的国际参赛队员通过秦皇岛观鸟了解北戴河鸟类资源

《北戴河鸟类图志》填补河北省摄影版鸟类专业图志空白

2011 年，秦皇岛市观（爱）鸟协会在北戴河区的鼎力支持下，在马丁•威廉姆斯整理的鸟类名录基础上，精心编写并出版了秦皇岛市首部影像版专业鸟类图志——《北戴河鸟类图志》。此举不仅极大地促进了公众对北戴河丰富鸟类资源的认识，更为中外观鸟爱好者提供了便捷的观鸟指南，对推动当地的生态旅游发展具有深远意义。

值得一提的是，中国台湾知名鸟类摄影家萧木吉老师与他的朋友们为这本图志的出版做出了巨大贡献。不仅慷慨提供了大量珍贵的鸟类图片，还对图册中的每一张照片进行了严格的审核和把关，确保了图片质量和信息的准确性。他们的专业精神和无私奉献，为《北戴河鸟类图志》的成功出版奠定了坚实的基础。

2011年出版的《北戴河鸟类图志》

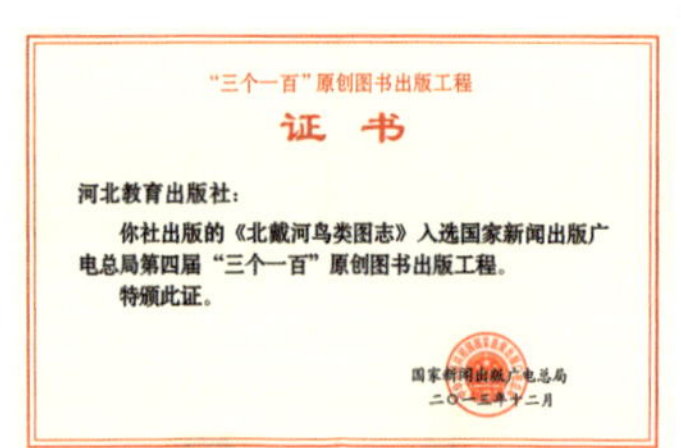

"三个一百"原创图书出版工程

证书

河北教育出版社：

你社出版的《北戴河鸟类图志》入选国家新闻出版广电总局第四届"三个一百"原创图书出版工程。

特颁此证。

国家新闻出版广电总局

二〇一三年十二月

"'三个一百'原创图书出版工程"荣誉证书

《北戴河鸟类图志》的出版，不仅填补了河北省影像版鸟类专业图志的空白，更成为展示北戴河独特生态魅力的一张亮丽名片。2013 年，《北戴河鸟类图志》入选国家新闻出版广电总局"三个一百"原创图书出版工程。

《北戴河鸟类图志》的问世，吸引了更多的观鸟爱好者和生态保护者来到这片美丽的土地，共同见证和守护这里的自然之美。

“北戴河·中国野生鸟类生态摄影书画精品展”在秦皇岛鸟类博物馆开幕

2012年8月5日，游客在秦皇岛鸟类博物馆观赏鸟类摄影作品

2012 年 8 月 5 日，“百鸟朝凤 喜迎‘十八大’——北戴河·中国野生鸟类摄影书画精品展”在河北省秦皇岛鸟类博物馆开幕。200 余幅野生鸟类摄影精品和百余幅以鸟类为题材的书画作品吸引了数以千计的市民和游客前来驻足观赏。

全国人民代表大会常务委员会原副委员长许嘉璐宣布摄影书画展开幕，国家林业局局长赵树丛、中国野生动物保护协会会长赵学敏等出席开幕式。

许嘉璐在开幕式上说，人类与鸟类及其他野生动物一样，都是森林之子。如果大地没有了野生鸟类，就意味着人类已经开始失去森林，失去了森林，就预示着人类的灭亡，这是大自然赋予地球复杂生态系统的必然联系。爱护鸟类，首先要敬畏自然，认识到自然的伟大、可爱、可敬与可怕；其次要认识到鸟类不仅美丽，还是人类的朋友，爱护鸟类就要爱护自然，爱护自然就是爱护自己的子孙后代。

赵学敏介绍，鸟类是生态环境优劣的指示物种，本次展览展出了一批国内知名生态书画家和摄影家的作品，他们用画笔和镜头，把对野生鸟类的真切关爱以及人、鸟与自然和谐相处的美景表现出来，用生态文化形式宣传现代林业和生态建设成就，呼唤人们关注野生鸟类、关爱野生动物、保护生态环境，吸引和动员社会各界参与生态建设，共建生态文明。野生动物是生态环境的重要组成部分，对维护生态平衡、保护生物多样性和生态安全具有极其重要的作用，野生动物保护需要全社会的支持和参与。

据悉，本次展览由中国野生动物保护协会、秦皇岛市政协和鸟网共同主办，为期10天。

中国素有爱鸟护鸟的传统美德，鸟类也是多种文化艺术创作的源泉，很多古代诗人、画家以鸟类为主题，创作了大量旷世作品，留下了丰富的文化遗产。今天它依然是繁荣生态文化的载体，被摄影、书画、文学等文化艺术形式所讴歌赞美。然而由于自然被人类过度开发利用，鸟类的生存环境遭到侵蚀和破坏，本次摄影书画展旨在呼吁人们善待鸟类等野生动物，保护环境，从自己做起，从娃娃抓起，为建设鸟语花香、山川秀美的绿色家园贡献自己的一份力量。

原文刊登于2012年8月8日《中国绿色时报》

作者：郭立新

世界野生鸟类摄影展“我们的朋友——鸟”在北戴河开幕

2013年7月23日，由秦皇岛市政协主办，中共北戴河区委、北戴河区人民政府、秦皇岛市关心下一代工作委员会、秦皇岛市政协人口资源环境委员会、秦皇岛市政协书画摄影联谊会、秦皇岛市林业局、秦皇岛市环保局、秦皇岛市旅游局、秦皇岛暑期办公室、北戴河区政协、秦皇岛国土资源局、秦皇岛市园林局、秦皇岛科协、秦皇岛市摄影家协会、秦皇岛市观（爱）鸟协会等协办的世界野生鸟类摄影展“我们的朋友——鸟”在秦皇岛鸟类博物馆拉开帷幕。

据了解，此次展览共汇聚近600幅精彩的野生鸟类图片，旨在让参观者通过观赏摄影作品了解鸟、认识鸟，进而保护鸟类和我们共同生活的环境。

秦皇岛的鸟类摄影家赶来参加开幕仪式，观赏摄影作品

联合国前副秘书长冀朝铸观赏鸟类摄影作品

秦皇岛被授予“中国观鸟之都”称号

中国野生动物保护协会时任会长赵学敏向秦皇岛市政府颁发“中国观鸟之都”牌匾，秦皇岛市副市长王亚洲代表秦皇岛市政府接牌

2015年5月9日，“中国观鸟之都——秦皇岛”授牌仪式在秦皇岛鸟类博物馆举行。北京、天津、香港等地以及英国、荷兰等国家的200余名观鸟、拍鸟爱好者来到此地共襄盛会。

据了解，“中国观鸟之都——秦皇岛”命名授牌仪式暨中国·北戴河第五届国际旅游观鸟摄影大展启动仪式由中国野生动物保护协会、河北省林业厅、河北省旅游局、秦皇岛市人民政府主办。

启动仪式上，中国野生动物保护协会副秘书长赵胜利宣读中国野生动物保护协会关于授予秦皇岛市“中国观鸟之都”称号的决定，中国野生动物保护协会向秦皇岛市政府授予“中国观鸟之都”牌匾。

随后，来自秦皇岛市各行业的代表共同上台，宣读《秦皇岛全民保护鸟类倡议书》，共同倡议全市人民爱鸟护鸟，打击非法行为。

“SEE任鸟飞”鸟类调查、监测项目启动

2017年初，秦皇岛市观（爱）鸟协会正式加入阿拉善“SEE任鸟飞”项目，成为阿拉善“SEE任鸟飞”民间保护网络的成员。在北京市企业家环保基金会任鸟飞项目组的支持下，为期6年的北戴河沿海湿地鸟类调查、监测项目启动。

2017年4月至2023年4月，在对北戴河沿海迁徙鸟类的种群、数量展开连续调查、巡护的同时，协会的志愿者们先后在北戴河鸽子窝公园与北戴河鸽子窝沿海湿地木栈道沿线安装鸟类科普展板，向中外游客介绍北戴河鸟类资源，传播鸟类知识。

2017年8月20日，参加北戴河沿海湿地鸟类调查的志愿者合影

志愿者在沿海湿地调查、拍摄野生鸟类

“SEE任鸟飞”是以中国候鸟及其栖息地为主要保护对象的综合性生态保护项目，通过民间机构发起、企业投入、公众参与的社会化保护模式，开展民间保护网络行动、鸟类研究与公民科学、政策建议和倡导等工作，旨在推动中国候鸟及其栖息地的保护工作。

观鸟中国·爱心伴鸟在旅途

2018 年 3 月 31 日，随着一只只康复的野生鸟类回归自然，第十四届“观鸟中国·爱心伴鸟在旅途”活动落下帷幕。

据不完全统计，自 2006 年春季在北戴河鸽子窝沿海湿地启动“观鸟中国·爱心伴鸟在旅途”活动以来，在连续 12 年的活动中，秦皇岛先后有 5 万余人次参加了野生鸟类救助、放飞、科普与宣传活动，救助、放飞各种野生鸟类 4 万余只，其中国家一、二级重点保护野生动物 1 万余只。原美铝渤海铝业有限公司的员工连续 10 年参加这个活动，公司的爱心基金会也连续 10 年赞助协会开展活动。

令众多观鸟、爱鸟人士欣慰的是，在连续 14 届活动中，由秦皇岛市观（爱）鸟协会联合爱心企业美铝渤海铝业有限公司发起的“观鸟中国·爱心伴鸟在旅途”野生鸟类救助活动，逐渐引起秦皇岛市各单位主要负责人与市委、市政府主要领导的关注、参与。野生鸟类救助、放飞活动已成为每年春、秋季节众多市民和中外观鸟爱好者参与的观鸟、爱鸟活动之一。

2018 年 3 月 31 日，参加放飞活动的小学师生

志愿者放飞救助的野生鸟类

志愿者在鸟类博物馆参加活动

鹤舞海天　共享家园

丹顶鹤飞越北戴河鸽子窝鹰角亭

金秋时节，穿行在繁华的海滨城市，你或许会在繁忙的间隙不经意间抬头仰望，南迁的鹤群便与你不期而遇。它们有的三五成群，轮流在前低空飞过；有的则结成数百甚至上千的大群，随着高空风向的变化，默契地编成“人”字形或“一”字形队伍，一边鸣叫，一边盘旋而过。秦皇岛这座因皇帝尊号而得名的城市，因《浪淘沙·北戴河》闻名于世，更因地处燕山与渤海的夹角地带，形成了近500种候鸟南北迁徙的重要通道，成为国内外知名的观鸟旅游休闲胜地。

每年国庆长假过后，这里就成了游客、候鸟的乐园。每年春、秋季，数百万只候鸟由此经过，去完成它们的万里大迁徙。英国观鸟人马丁曾这样评价北戴河的观鸟旅游资源：“北戴河是远东观赏候鸟南北迁徙的最佳地，更是中国甚至世界范围内观赏鹤群、东方白鹳南迁美景的最佳观赏地，世界上没有任何一个地方可以与这里相比。”

白鹤栖息北戴河东海滩湿地

为进一步提升北戴河的观鸟爱鸟品牌，亮出北戴河生态名片，广泛营造保护森林、保护生态、保护湿地、爱护鸟类的良好氛围，自2019年秋季开始至2022年，秦皇岛市观（爱）鸟协会连续4年开展秋季观鹤活动，不仅培养了更多市民在深秋、初冬时节欣赏鹤的习惯，也让任鸟飞项目鹤类调查组组员在指导市民、学生观鸟的同时收获了更多快乐。据统计，在4年的活动中，调查组组员每年都能观察到迁徙而过的丹顶鹤约400只、白鹤1500只左右、东方白鹳6000—9000只，初步掌握了鹤类迁徙途经北戴河沿海的时间、规律。

志愿者与小学生放飞救助的丹顶鹤

观赏迁徙经过北戴河的东方白鹳群

北戴河沿海湿地生物多样性调查启动

2022年9月4日，由北京市企业家环保基金会提供资金支持的北戴河沿海湿地生物多样性调查项目在北戴河湿地木栈道全面展开。秦皇岛市观（爱）鸟协会项目组联合秦皇岛海关技术中心和秦皇岛市野生鸟类疫病监测和防护生物安全重点实验室的动物、植物专业的专家和志愿者，以及参加活动的小学师生共同参与了调查。

当天，调查队员在湿地发现了国外入侵物种意大利苍耳和豚草。植物学博士、秦皇岛海关技术中心植物检疫实验室主任柳吉芹介绍，意大利苍耳会与其他植物争夺生存空间，使作物减产60%，牲畜误食会造成中毒；豚草同样具有极强的繁殖能力和环境适应能力，豚草花粉是引起人体一系列过敏性变态症状——花粉症的主要病源。这些国外进来的有害杂草，在国内没有对应的天敌，不仅会破坏生态环境，有的还危害人体健康。

参加生物调查的志愿者在沿海湿地调查迁徙鸟类

参加生物调查的专家、志愿者在沿海湿地调查昆虫

参加生物调查的小学生展示他们制作的昆虫标本

柳吉芹说，开展生物多样性调查对保护生态平衡具有非常重要的意义，此次沿海湿地生物多样性调查为期半年，将对北戴河沿海湿地及附近林地的植物、昆虫、鸟类、海洋生物等展开调查。

秦皇岛市观（爱）鸟协会秘书长刘学忠介绍，北戴河湿地是候鸟的一个重要栖息地，湿地和周边树林里各种动植物比较多，通过这次生物多样性调查，可以掌握这片湿地、林带存在哪些本地物种与外来物种的基础数据，同时，调查组会将这些调查数据及时提供给秦皇岛市的相关单位，以便第一时间清除外来有害物种。另外也提醒大家，以后在购买花草和宠物时提前了解哪些是有害外来物种，知道哪些不能买、不能养，尽可能减少外来物种的入侵。

当天，参加活动的小学师生与学生家长也跟着专家学习了很多动植物知识。参加活动的家长说，孩子们不应该只在课堂上学知识，更应该到大自然中、生活中学习知识。这次调查活动让孩子们有了亲近自然、了解自然的机会。

原文刊登于河北新闻网
作者：刘旭伟

北戴河第一届观鹤节启帷

2023 年 11 月 4 日，“赏金秋美景 观鹤舞海天——北戴河第一届观鹤节启动仪式”在秦皇岛市北戴河鸽子窝公园举行。

本届观鹤节由中国野生动物保护协会、河北省林业和草原局、秦皇岛市人民政府主办，北戴河区人民政府等单位承办。

北戴河依山傍海、沙软潮平，拥有海洋、森林、湿地等 3 类主要生态系统，绿化覆盖率达 57.63%。在北戴河能够观赏到的鸟类达 500 余种，其中可观赏到的鹤类有 7 种，接近全世界鹤类品种的一半，群鹤起舞、海鸟竞飞已成为北戴河的标志性景观之一。主办方希望通过此次活动，让广大爱鸟人士和各界朋友相聚北戴河、品味北戴河，同时也带动更多的人一起关爱鸟类、保护自然，不断擦亮北戴河生态品牌。

启动仪式上，来自英国的约翰·马敬能 (John MacKinnon) 向嘉宾赠送了《中国鸟类野外手册》。北京林业大学教授、鹤类专家郭玉民

在北戴河观鹤节开幕式上放飞救助的丹顶鹤

英国鸟类学家约翰·马敬能在观鹤节开幕式上向嘉宾赠送鸟类图书

介绍了鹤类迁徙经过北戴河的情况。北戴河区育花路小学学生代表发出了野生动物保护倡议。新朝旅游公司负责人发布了观鹤赏鸟旅游线路。活动中，大家一起参观北戴河生态旅游资源与科普宣传展示，以及国内外鸟类摄影作品展。活动现场，北戴河鸟类救助中心还对救助的野生鸟类进行了放飞，让鸟类重归自然，共同助力鸟类保护。

活动持续到11月24日，活动期间还举行了鸟类摄影展、生态旅游资源与科普宣传、鸟类科普研学、鸟类迁徙护航与调查等丰富多彩的活动。

原文刊登于长城网冀云客户端

记者：李琦

通讯员：吴宇涛、阳剑峰

北戴河举办2024年国际观鸟季活动

2004年我第一次做鸟类环志就是在北戴河赤土山大桥的北侧，2005年第一次参加国际观鸟比赛也是在北戴河，2005年第一次作为组织者参与开展全国的水鸟调查培训，也是在咱们北戴河。所以，北戴河对于我来说有着非凡的意义，也给我留下很多美好的回忆。一晃今年已经是2024年了，20年过去了，我也从一个18岁的青少年成长为中年大叔，所以这一次我把我的爱人和孩子也带来了，将这20年来北戴河教会我的感受自然、学习自然、爱护自然的这种理念传递给我的家庭和下一代，希望北戴河的未来越来越好。

——北京观鸟爱好者韩京

5 月 1 日 5 点，参加 2024 年北戴河国际观鸟季的第一批来自北京的观鸟团队抵达北戴河大潮坪湿地，迎着 5 月的第一缕阳光记录栖息、生活在北戴河的鸟类的生活。

2024年5月1日，来自北京的观鸟团队在北戴河赤土山大桥观鸟

“北戴河国际观鸟胜地”这一地理概念，包括自渤海湾向北约200公里的范围，在秦皇岛—唐山一线，北戴河恰居正中。渤海的内突与燕山山脉逼近，使得候鸟迁徙的通道在这个区域变得异常狭窄，而西部山地发源的大小河流在这一段入海，形成了为数众多的淡咸水交汇的河口滩涂，生物种类异常丰富，成为候鸟补给的上佳选择。自20世纪50年代起，绵延的滨海防风林带就成为南北往来的西伯利亚系小鸟驻足停歇的理想栖所。每年春、秋两季，过境北戴河的候鸟种类之多、数量之大、特色之突出，在全球都可圈可点。作为全球鸟类迁徙路线上的国际知名观鸟胜地之一、中国观鸟之都，北戴河拥有丰富的鸟类资源和独特的自然景观。北戴河区委、区政府秉承绿色生态与文旅融合发展的思路，组织谋划了2024年国际观鸟季活动，进一步筑牢了北戴河生物安全防线，着力打造具有国际影响力的北戴河观

2024年5月13日，参赛队员与评委马丁、工作团队的崔世龙相约一起观鸟

2024年5月10日，参赛队员在比赛中

鸟名片，全力助推生态旅游发展。

本次活动由中国野生动物保护协会、河北省林业和草原局主办，秦皇岛市林业局、北戴河区人民政府、中国观鸟组织联合行动平台（朱雀会）、中国鸟网承办。国际观鸟季的活动主题为“鸟都见辉煌 相逢北戴河”，时间从5月1日开始，一直持续到5月19日结束，主要包含两项赛事——北戴河国际观鸟大赛和北戴河湿地观鸟摄影挑战赛，吸引了包括瑞典、英国、德国、中国等国家在内的35支队伍、130名专业人士参赛。

近年来，北戴河区委、区政府深入学习贯彻习近平总书记关于生物多样性重要论述精神，践行生态保护理念，坚持保护优先、绿色发展，持续加大湿地保护修复和生物多样性保护力度，先后实施完成引戴（河）入新（河）、新河湿地治理、观鸟平台改造提升等工程，成功举办了国际观鸟比赛、观鹤节等一系列赛事和活动，积极推进世界自然遗产申报工作，生态保护工作成效显著。北戴河独有的自然生态优势和当地政府为保护生态做出的诸多举措，成为吸引观鸟爱好者的重要原因。

我也希望能够发挥好这些优势资源，通过观鸟节，整合北戴河山海自然资源，通过打造国际观鸟季这样一个地区特色的生态文明的名片，向每一位来访的国内外观鸟人传递这里自然宜居的生态环境。最后，祝贺国际观鸟季顺利召开，预祝北戴河国际观鸟季的举办圆满成功。

——北京观鸟爱好者韩京

2024年5月4日清晨，参赛队员乘坐渔船上石河南岛观鸟

2024年北戴河国际观鸟季闭幕

5月19日，2024年北戴河国际观鸟季暨国际观鸟大赛、湿地观鸟摄影挑战赛颁奖仪式在河北省秦皇岛市北戴河区东经路宾馆举行。

在5月1日至18日的观鸟比赛赛程中，共有来自全国23个省、区、市和德国、英国、瑞典等3个国家的25支队伍、100人参加了比赛。在比赛过程中，先后提交评委认可的有效鸟种记录275种。来自雪燕笑天队的队员崔兵拍摄到了在北戴河通常不易发现的乌灰鸫，被评为本次北戴河国际观鸟大赛的至尊鸟种，雪燕笑天队也获得了“至尊鸟种奖”。

此外，国际联队、沙锥扎堆队、南北飞跃队、把鸟看好队等11支队伍获得了最佳合作奖；湘赣粤鸟队、景贤鸟舍队、金蝉飞鸟队、绛鹇鸪队、吉林查干湖队等9支队伍因为记录到其他队伍都没有记录到的鸟种而获得特殊贡献奖；矶鹬来了队在全部赛程期间的一个24小时中记录到了127种鸟，斩获本次大赛的优胜奖。

在5月17日至18日的湿地观鸟摄影挑战赛赛程中，共有来自浙江、云南、新疆、辽宁、海南、江西等省份的10支队伍、30人参加了比赛，

2024年5月19日清晨，嘉宾为观鸟参赛获奖队队员颁奖

2014年5月19日，嘉宾为获得湿地观鸟摄影挑战赛金奖、银奖摄影师颁奖

参赛摄影师经过两天的实地观察和认真拍摄，共拍摄野生鸟类100多种，提交摄影作品6万余件。按照国际摄影大赛的裁判规则，经过评委严格评选，陈奇拍摄的《夫妻双双》最终获得了本次北戴河湿地观鸟摄影挑战赛金奖；杜崇杰拍摄的《炫舞花海》与宋占明拍摄的《对峙》分别获得银奖；赵宝和拍摄的《先动脚》、陈林拍摄的《穿越之际》、史学文拍摄的《两鹭齐飞》分别获得本次比赛的铜奖。

同时，在颁奖仪式上正式发布的《2023年中国内地观鸟爱好者和观鸟组织本底调查报告》显示，中国内地的观鸟爱好者数量持续高速增长，已达34万人，相较于2018年开展的上一轮调查结果（14万人）成倍增长；观鸟组织快速发展，遍及28个省级行政单位，其中30%成立于2018年以后。中国内地观鸟爱好者近30年来从无到有，已经成为中国自然生态观察、记录、监测与保护的重要力量。

1910—2024年北戴河百年观鸟大事记

1910—1917年

英国籍鸟类学家、博物学家和动物学家拉图什（1910—1917）利用在秦皇岛海关工作之便，在秦皇岛地区进行物种调查，1914 年，发表《东北直隶秦皇岛的春季迁徙》，这是西方世界关于北戴河鸟类最初的文字记载。

1916年

德国鸟类学家魏戈尔德来北戴河观鸟，可惜的是他在当年的两次北戴河之行都没有看到多少鸟。

1923—1943年

美国鸟类学家万卓志和胡本德在北戴河调查鸟类，并于 1924 年编写了《直隶鸟类名录》，这是首次系统性地总结梳理华北鸟种的研究著作。1938 年编写出版了《中国东北部鸟类》。两本书中详细记录了他们在北戴河的鸟类考察数据。

观鸟人在北戴河湿地

1936年

中国鸟类学家寿振黄（1899—1964）编写并出版《河北鸟类志》，但其中关于北戴河的鸟类记录并不多。

1942—1945年

丹麦人郝明森1942—1945在北戴河调查鸟类。在胡本德的帮助下，郝明森在北戴河胡本德的别墅生活了3年，对北戴河的鸟类展开了系统的调查。1951年出版了《中国东北地区鸟类观察》一书，1968年在朋友怀尔德的帮助下出版了《中国东北鸟类观察：特别是北戴河海滩的迁徙》一书。

1952—1955年

中国鸟类学家郑作新等到秦皇岛市昌黎县林区与北戴河沿海湿地调查农林益鸟及其生活习性，相关研究人员在昌黎和北京近郊农业区采集、解剖了848只麻雀标本，于1957年发表《麻雀食物分析的初步报告》，并在报刊上进行麻雀的益害分析，最终将麻雀从“四害”中除名。

1978年

1978年6月10日，美国观鸟人威廉•托马斯在北戴河鸽子窝沙滩发现3只中华凤头燕鸥，这是北戴河首次发现中华凤头燕鸥，也是自1945年丹麦人郝明森离开北戴河30余年后查询到的唯一一笔外国观鸟人在北戴河的观鸟记录。

1983年

1983年春季，英国博物学家和电视播音员杰弗里•博斯沃尔带领英国已经开辟了中国旅游线路的英国旅游公司（SCT-China）以旅游体验为主的观鸟团来到我国旅游、观鸟，行程包括在北戴河开展短时间的观鸟体验。这是我国改革开放后北戴河迎来的第一批以旅游为主的国外观鸟团。杰弗里·博斯沃尔认为北戴河是进行候鸟迁徙调查的最佳地点，并向计划来中国开展鸟类考察的英国剑桥大学鸟类考察团发起人马丁重点推荐了北戴河。

1985年

作为郝明森之后的研究者，英国人马丁采纳了杰弗里•博斯沃尔与乔治•阿奇博尔德的建议，在1985年春季率英国剑桥大学鸟类考察团首次造访北戴河，考察团包括英国人6名（含马丁）、瑞典人1名，发表《1985年剑桥鸟类学中国考察报告》。当年和其后的考察活动均得到了中国鸟类学会时任副理事长许维枢（1930—2008）、北戴河区休疗旅游工委书记徐晓红、北戴河（金山）国际旅行社王玉珍等人的大力襄助。

1986年

马丁组织10人的欧美鸟类调查团（含马丁在内英国人8名）、瑞典人2名，在中国鸟类学会时任副理事长许维枢的陪同下，再次来到北戴河开展秋季鸟类调查活动。与他们同期来北戴河开展鸟类调查的还有黑龙江省科学院自然资源研究所的陶宇和金龙荣等，两个鸟类考察团在北戴河共同重点开展了秋季鸟类迁徙情况调查。

1987年

马丁与11名同伴（其中英国人6名、美国人2名、丹麦人2名、荷兰人1名）第三次来到北戴河。同年，陶宇又与丹麦鸟类学会斯蒂克•金森来到秦皇岛市北戴河区和山海关区调查猛禽迁徙的情况，并撰写了《一九八七年秋北戴河猛禽迁徙的研究报告》。

丹麦人叶思波于7月初次抵达北戴河，1987年和1988年的秋季以及以后数年，他经常到北戴河观鸟2周至4周，并于1997—2008年在北戴河定居。

1988年

北戴河成立中华人民共和国成立以来首个鸟类保护协会。

马丁第四次来到北戴河，当年北戴河地区共接待英国人8名（含马丁）、美国人8名、丹麦人1名、澳大利亚人1名。

当年10月，美国鸟类考察团一行10人来到北戴河进行了为期3天的鸟类考察活动。

1989年

马丁第5次北戴河之行，带上了英国人保罗·霍尔特（现居北京），后者系第一次来华。同年，河北省政府批准石臼坨岛为"省级风景名胜区"。

应世界自然基金会香港分会的邀请，北戴河鸟类保护协会访问香港米埔自然保护区。

1990年

北戴河区政府把赤土山桥东西两侧湿地划为鸟类保护区，这是我国第一个鸟类自然保护区。

马丁第六次北戴河之行，与北京自然博物馆的许维枢研究员一起参加保护区立牌活动，编辑并发表《1986—1990年中国北戴河秋季鸟类迁徙》报告。

5月，秦皇岛市林业局任命乔振忠为秦皇岛鸟类保护管理研究站站长。由林业部投资80万元，河北省配套80万元，在北戴河海滨林场建设秦皇岛鸟类保护环志站。

1991年

保罗·霍尔特开始为美国的翅膀旅游公司和其在英国的太阳鸟子公司担任专业观鸟导游工作。5月与马丁一起带领外国观鸟团来华观鸟，北戴河是一个重要的目的地。

1992年

北戴河金山宾馆首次迎来大批国际观鸟人，创造了一天内入住150位外国客人的纪录。马丁和保罗联合带队的一个海外观鸟团在乐亭石臼坨附近的岛上取得了辉煌的观鸟成果，马丁将该岛命名为“快乐岛”，该岛由此作为一个重要的观鸟点延续至今。

1993年

保罗带英国太阳鸟观鸟团来北戴河观鸟。

同为专业导游的托尼·马担任英国野翅膀观鸟团领队，首次来北戴河观鸟，此后连续13年带队来北戴河。

瑞典自然博物馆馆长奥博斯坦等先后来北戴河开展鸟类调查活动。

1994年

瑞典自然博物馆馆长奥博斯坦等第2次来北戴河开展鸟类调查活动。

英国人史进（Steve Bale，现居北京）跟随英国野翅膀公司首次来北戴河观鸟，又在之后的1995年、1996年连续造访，并最终于1997年来华定居。

1995年

在北京师范大学和有关部门的协助下，唐山市乐亭县对石臼坨旅游区进行了总体规划。

1997年

中国林业部、日本环境厅、湿地国际亚太组织联合主办的“湿地与水禽（东北亚）国际研讨会”于1997年3月4日至7日在北戴河召开。

全国鸟类环志中心首次在北戴河湿地开展黑嘴鸥越冬地和繁殖地调查。

1998年

年初，北戴河金山宾馆市场部时任负责人的徐晓红停薪留职，与王玉珍合作创办成立了以接待国际观鸟团为主的北戴河天海国际旅行社。当年春季开始接待世界各国来北戴河观鸟的国际观鸟团（人），开始由专业导游带国际观鸟团（人）进行观鸟，彻底结束了自1985年英国剑桥鸟类考察团来北戴河观鸟，由原中国国际旅行总社北戴河海滨旅游公司负责接待或观鸟人自行寻找地点观鸟的历史。

4月，美国湿地和鸟类专家在省林业局有关人员陪同下考察北戴河的湿地及鸟类资源。

9月，北京观鸟人钟嘉首次来到北戴河观鸟。

10月，钟嘉带领北京观鸟人第一次集体到北戴河观鸟。

10月下旬，北戴河区将徐晓红由金山宾馆调入区政府，专职负责旅游管理工作。

全国鸟类环志中心第二次北戴河湿地黑嘴鸥越冬地和繁殖地调查，确认滦河口湿地是黑嘴鸥的主要繁殖地之一。

1999年

5月8日至5月16日，举办首届北戴河“海天杯”国际观鸟大赛，来自澳大利亚、罗马尼亚、芬兰、瑞典、丹麦、挪威、英国、法国、日本、中国等共11个国家的代表队200多人云集北戴河。

12月，秦皇岛市政府召开常务会，专门研究建立北戴河湿地鸟类保护区问题。

2000年

5月，马丁·威廉姆斯与英国野翅膀公司的观鸟领队托尼·马再次来到北戴河观鸟，并把1985—1990年连续6年的北戴河观鸟考察记录汇总出版。

丹麦人叶思波开始带欧美观鸟团到北戴河观鸟，北戴河国际观鸟旅游活动逐步冲向高潮。

10月，秦皇岛市林业局启动建立北戴河省级湿地保护区工作。

2001年

4月，日本鸟类研究所、全国鸟类环志中心在秦皇岛市董家口村开展“三道眉草鹀”专项考察、环志。

秦皇岛市林业局委托河北省林业勘查设计院对北戴河沿海湿地及鸟类进行资源普查，并就建立河北省级湿地鸟类自然保护区进行初步规划。

中国野生动物保护协会在秦皇岛成立秦皇岛野生动物救护中心。

5月，马克·安德鲁斯开始与托尼·马一起带领英国野翅膀公司的北戴河观鸟团。

中国野生动物保护协会、河北省林业厅、秦皇岛市林业局举办“爱鸟周”观鸟比赛，十多个国内观鸟队参赛。

11月，国际鹤类基金会、全国鸟类环志中心在北戴河沿海湿地开展环渤海越冬鹤类栖息地调查，在昌黎县境内发现约500只灰鹤的越冬种群，同时在七里海湿地发现20多只东方白鹳与3只黑鹳。

2002年

3月，秦皇岛野生动物救护中心举办大型救助放飞活动，现场放飞35只国家一、二级保护动物。这是国内首次大规模放飞国家一、二级重点保护的大型珍禽。

5月，燕山大学艺术系的50余名师生走上街头，为野生动物保护开展募捐活动，这是秦皇岛市大学生首次参与野生动物保护活动。石臼坨岛被河北省政府批准为“省级自然保护区”。

8月，来自中国、荷兰、加拿大等地的鸟类环志人员，在北戴河参加由北京师范大学与秦皇岛鸟类环志站联合举办的国际鸟类环志培训班。3月，厦门观鸟协会成立，秘书长陈志鸿（网名“岩鹭”，于2005年9月18日发起“沿海水鸟同步调查”）到北京参加国际鸟类学大会后，同北京的钟嘉、香港观鸟会的余日东等人到北戴河观鸟，参观北京师范大学在北戴河的鸟类环志培训班。

8月20日，随着第二十三届国际鸟类大会在北京召开，北戴河暑期首次迎来大批国外观鸟人。

9月，秦皇岛市林业局完成《北戴河湿地和鸟类保护区科考报告及初步规划》，通过河北省林业局组织的专家论证。

11月，秦皇岛野生动物救护中心首次开展野生动物保护月活动，救助大批国家一、二级保护动物。

12月16日，首次救助的20余只食物中毒的秃鹫康复后被放飞。

随着第二十三届国际鸟类大会在北京召开，北戴河暑期首次迎来大批国外观鸟人

2002年8月，来自中国、荷兰、加拿大等地的鸟类环志人员在北戴河参加由北京师范大学与秦皇岛鸟类环志保护站在北戴河联合举办的国际鸟类环志培训班

2003年

1月9日，首次在北戴河沿海湿地发现500余只越冬灰鹤，其中有一只混群的丹顶鹤。

春季上“快乐岛”的几位瑞典人在岛上观鸟一月有余，叶思波、史进、彼扬等人经王玉珍联系协助，到北戴河至乐亭一线观鸟，为该地区增加小鸦鹃鸟种记录。

6月，秦皇岛市领导及北戴河区领导到赤土山附近河口湿地调研，并由政府出资收回湿地，完成北戴河湿地和鸟类保护区海滨管理区详细规划；建设北戴河国家湿地公园，但不对外开放。

8月，来自英国、加拿大、美国的近20名鸟类专家与北京师范大学的师生在北戴河开展鸟类环志。

2004年

1月，完善海滨国家森林公园详细规划。

10月，北京师范大学在北戴河沿海拍摄、制作鸟类学及鸟类环志科教片。

2005年

5月，北京观鸟会筹备组（钟嘉负责）和原北戴河国际观鸟协会发起，中国野生动物保护协会、河北省野生动物保护协会、秦皇岛市林业局、北京观鸟会等共同主办了第二届北戴河国际观鸟大赛，来自北京的推车七人组以152种观鸟记录获得第一名，并记录到“至尊鸟种”橙胸姬鹟。

5月10日，中国台湾悠鹤旅游总经理许建忠组织的观鸟团首次走进北戴河，并聘请了有台湾“四大鸟王”美誉的萧木吉老师带队，参加第二届北戴河国际观鸟大赛，由此拉开了台湾观鸟人来北戴河观鸟的序幕。

北京师范大学与秦皇岛鸟类保护环志站建立长期友好合作关系，秦皇岛鸟类保护环志站成为该校鸟类学实习基地，每年的5月、8月、10月，北京师范大学组织学生来秦皇岛观鸟或开展鸟类环志活动。

8月中旬，秦皇岛市林业局调查人员与有关专家首次在秦皇岛沿海线启动鸟类迁徙调查活动。

10月，全国沿海水鸟同步调查培训班在北戴河开班。来自香港、北京、河南、福建、广东等地的沿海水鸟同步调查队员，在北戴河沿海湿地开展实地调查培训。

10月上旬，由储照源、乔振忠、刘学忠等本地观鸟人组成的调查组，在北戴河沿海湿地、联峰山瞭望塔等观测点，正式启动了2005年秋季至2008年秋季连续三年的鸟类迁徙调查活动。

11月上旬，首次观察并记录到1000余只东方白鹳和近300只丹顶鹤飞越北戴河时的壮观景象。

2006年

4月20日，中国生态摄影家、有“黑琵先生”美誉的王征吉与朋友张培玉一起来到北戴河观鸟。当月，秦皇岛市观（爱）鸟协会筹备组（刘学忠负责）、美铝渤海铝业有限公司、中国野生动物保护协会等联合启动“观鸟中国·爱心伴鸟在旅途”野生鸟类救助、放飞系列活动。

5月10日，由萧木吉先生带队，台湾观鸟团第二次来到北戴河观鸟。

9月，秦皇岛市政府完成北戴河鸟类保护区总体规划。

10月6日，台湾鹤悠旅行社有限公司总经理许建忠聘请萧木吉先生与台北市野鸟学会资深解说员黄玉明先生一起来到北戴河，开始为期3个月的鹤类秋季迁徙调查。

12月21日，秦皇岛市观（爱）鸟协会在秦皇岛市林业局、民政局的指导下注册成立，王玉臣任会长，刘学忠任法人、秘书长。

2007年

5月，台湾鹤悠旅行社有限公司第三次组织观鸟团来北戴河观鸟。并与秦皇岛当地的观鸟人结下了深厚的友谊。秦皇岛市园林局在原北戴河隆兴观光园修建北戴河湿地公园；在北戴河鸽子窝公园附近湿地建设鸟类博物馆。

11月，秦皇岛市观（爱）鸟协会受邀参加中国台湾国际赏鸟节活动，向各国观鸟组织、旅行社推荐北戴河湿地鸟类资源。

2008年

2月2日，秦皇岛市林业局、秦皇岛市观（爱）鸟协会联合邀请台湾鸟类摄影家来秦皇岛，举办了首届海峡两岸鸟类湿地摄影展。

4月，修建北戴河东海滩沿海木栈道。

8月，对北戴河鸽子窝湿地进行封闭管理，禁止游客进入湿地保护区内。

10 月，秦皇岛鸟类博物馆在北戴河湿地建设完成，并对外开放。

2011年

秦皇岛市观（爱）鸟协会编辑出版了河北省第一套摄影版的专业鸟类图书《夏都鸟影》《北戴河鸟类图志》。

2012年

唐山市政府申请将石臼坨诸岛省级保护区更名为菩提岛诸岛省级保护区。同年，当地政府以“这里是离北京最近的岛”为号召，继续大规模招商引资开发石臼坨菩提岛旅游。同年，北戴河至乐亭沿海开始大规模开发。

8 月，中国野生动物保护协会、秦皇岛市政协等组织和部门联合在秦皇岛鸟类博物馆举办“中国鸟类摄影书画精品展”，吸引了众多国内外游客走进秦皇岛鸟类博物馆。

2013年

7 月，秦皇岛市政协、北戴河区政府、秦皇岛市观（爱）鸟协会等部门和组织联合在秦皇岛鸟类博物馆举办“我们的朋友——鸟”北戴河世界野生鸟类摄影展活动。

2014年

春季，山海关石河南岛被秦皇岛市观（爱）鸟协会会员发现，并发展为观鸟宝地。

11 月，秦皇岛市观（爱）鸟协会走进中小学校园，开展观鸟爱鸟科普推广活动。山海关区野生动植物保护协会注册成立。

2015年

5 月，中国野生动物保护协会授予秦皇岛“中国观鸟之都”荣誉。

12 月，北戴河区翼展鸟类救养中心在北戴河区注册成立。秦皇岛市观（爱）鸟协会换届选举，宋金锁任会长。

2016年

3月，在第十二届“观鸟中国•爱心伴鸟在旅途”系列爱鸟护鸟活动中，首次对放飞的白尾海雕、丹顶鹤等12只国家重点保护动物进行卫星定位跟踪。

2017年

3月，第十三届“观鸟中国•爱心伴鸟在旅途”活动在北戴河国家湿地公园启动，秦皇岛市委领导参与救助鸟类放飞，发出保护鸟类要从领导做起、从孩子做起的号召。

4月，秦皇岛市观（爱）鸟协会对山海关石河南岛生态修复工程提出了要保留原貌与植被的要求，与政府规划部门组织召开了专家研讨会，对石河南岛修复工程方案进行修订。但由于大部分工程已经改变了原生态环境，前景并不乐观。

9月，秦皇岛市观（爱）鸟协会在北京市企业家环保基金会的支持下，对北戴河沿海湿地鸟类资源展开调查巡护。

2018年

3 月 31 日，连续举办了 14 届的“观鸟中国 • 爱心伴鸟在旅途”活动落下帷幕。

5 月，秦皇岛市关心下一代工作委员会、林业局、教育局、观（爱）鸟协会等部门和组织评选出 28 所小学为秦皇岛市森林生态科普学校。

11 月 17 日，近千只东方白鹳降落北戴河东海滩湿地，是近 20 年来首次出现成群东方白鹳在这片湿地栖息。

2018年11 月17日上午，在东海滩湿地栖息的东方白鹳飞越鸽子窝公园

2019年

5 月，英国野翅膀团再次来北戴河观鸟，钟嘉邀请李一凡同赴北戴河采访野翅膀团及保罗。

9 月，秦皇岛市林业局、秦皇岛野生动物园、秦皇岛市观（爱）鸟协会联合为 28 所森林生态科普学校建设生态科普馆、生态科普长廊；刘亚轩、徐登华、刘学忠编写的《我的自然学习笔记》科普教材赠送给科普学校师生。

10 月，秦皇岛市委宣传部，秦皇岛市林业局、教育局，北戴河区委、区政府，市观（爱）鸟协会等部门和组织，联合启动秦皇岛观鹤节自然嘉年华活动。

2020年

10 月，秦皇岛市林业局、秦皇岛野生动物园、秦皇岛市观（爱）鸟协会联合举办第二届观鹤自然嘉年华活动。

11月，河北省林业草原局、秦皇岛市人民政府、秦皇岛市林业局、北戴河区人民政府在北戴河鸽子窝旅游景区开展“爱鸟护鸟·禁食野生动物”活动。

2021年

2月，秦皇岛市观（爱）鸟协会正式更名为秦皇岛市观爱鸟协会。注册地址由原秦皇岛市迎宾路139号变更为秦皇岛市北戴河区小薄（泊）荷寨（108公路边化学试剂厂院内），宋金锁继续任会长，刘学忠任法人、秘书长。

5月8日，秦皇岛市林业局、秦皇岛市人民检察院、山海关人民政府、秦皇岛野生动物园联合开展“爱鸟周”活动。当日，秦皇岛市林业局批准秦皇岛市观爱鸟协会、北戴河区翼展鸟类救养中心联合组建秦皇岛市鸟类收容救助站。

当年，秦皇岛市七里海湿地、北戴河鸽子窝湿地、山海关石河南岛湿地列入黄渤海申遗项目地块，向联合国教科文组织世界遗产委员会申报世界自然遗产名录。

11月2日，260只白鹤降落北戴河东海滩湿地，是近20年来首次出现大群白鹤降落在这片湿地栖息。

2022年

11月6日，32只丹顶鹤落地北戴河东海滩湿地。10日，1000余只豆雁、鸿雁降落东海滩湿地，是近20年来首次出现大群丹顶鹤、雁群降落在这片湿地栖息。

12 月，秦皇岛市观爱鸟协会、北戴河翼展鸟类救养中心、北戴河区园林局开始谋划北戴河观鹤节、国际观鸟比赛活动，同时由秦皇岛市观爱鸟协会、北戴河翼展鸟类救养中心负责编写图书《北戴河观鸟 野外手册》与《北戴河观鸟 百年历史》。

2023年

5 月，秦皇岛市观爱鸟协会将北戴河沿海湿地鸟类资源调查巡护资料整理汇编成册，用于支持七里海湿地、北戴河鸽子窝附近的东海滩湿地、山海关石河南岛湿地申遗项目。

11 月 4 日，秦皇岛市观爱鸟协会、北戴河翼展鸟类救养中心协助北戴河区举办首届观鹤节活动。

12 月，北戴河区领导带领北戴河区园林局、秦皇岛市观爱鸟协会、北戴河翼展鸟类救养中心负责人前往中国野生动物保护协会沟通举办国际观鸟季事宜。

2023 年11月，北戴河区举办首届观鹤节活动，共同放飞救助的丹顶鹤

2024年

5月，北戴河区成功举办2024北戴河国际观鸟季活动，包括北戴河国际观鸟大赛与北戴河湿地鸟类摄影挑战赛两项赛事。秦皇岛市观爱鸟协会、北戴河翼展鸟类救养中心作为协办单位，全程参与国际观鸟季活动。

6月，北戴河区通过委托的方式，将秦皇岛鸟类博物馆委托给北戴河翼展鸟类救养中心管理。

2024年6月，北戴河区领导与北戴河区园林局工作人员一起整理、确认北戴河观鸟百年历史资料